U0247369

山东省农村和城市社区
基层干部学历教育系列教材

计算机应用基础

JISUANJI YINGYONG JICHU

主　编　杨　波
副主编　董彩云

山东人民出版社

国家一级出版社 全国百佳图书出版单位

目　录

第1章　计算机基础知识

 学习目标

了解： 计算机的发展及应用；常见的中文录入方法。

掌握： 计算机中数据和信息的概念；计算机的特征；计算机在中国的发展历程；计算机系统的基本组成；键盘的布局；输入法的设置。

熟练掌握： 计算机的概念；硬件系统及软件系统；鼠标、键盘的使用；一种中文录入方法。

计算机是 20 世纪的重大科学技术成就之一。自 1946 年世界上第一台由程序控制的电子数字计算机诞生到今天，计算机得到了飞速发展。它不仅应用在工业、农业、国防、科学技术、教育和社会管理等领域，也改变了人类社会生活，在各方面产生了巨大的影响。计算机的发明和应用，具有划时代的意义。

1.1　走进计算机世界

 学习任务

熟练掌握计算机的概念；掌握计算机中数据和信息的概念；掌握计算机的特征；了解计算机的发展及应用；掌握计算机在中国的发展历程。

 动手实践

认识不同的计算机，如图 1-1 所示。

<table>
<tr><td>台式机</td><td>笔记本电脑</td><td>电脑一体机</td></tr>
<tr><td>平板电脑</td><td>掌上电脑（PDA）</td><td>智能手机</td></tr>
</table>

图 1-1　不同的计算机

 基础知识

1.1.1　计算机的概念

最早的计算机仅仅是一种用作计算的工具，而现在的计算机除了能完成高速运算，还具备存储、处理、控制等功能。广义上，生活中使用的微机（如台式机、笔记本电脑、电脑一体机）、平板电脑、掌上电脑（PDA）、智能手机等都是计算机。虽然它们设计不同，形状各异，用途也有所区别，但具备共同的特性：可进行输入、输出；不需要人的直接干预；能自动连续、准确快速地对各种数据进行存储、计算、处理和过程控制等多种操作；是一种电子工具。

计算机也称电子计算机或电子数字计算机，它在预定程序控制下自动连续地工作，电子逻辑器件是它的物质基础，其基本功能是进行数字化信息处理，常被人们称作"电脑"。

信息从存在形式看，包括文字、数字、图表、图像、音频、视频等内容。对计算机而言，可处理的数据包括数值型数据和非数值型数据，信息数据要经过数字化处理，才可能进行有关的计算与输出。

1.1.2　计算机的特征

计算机主要有以下五个特征：

1. 自动化程度高

计算机程序能自动连续地运行。自动化程度高是计算机最突出的特点，也是它和其他计算工具的本质区别。

2. 运算速度快

计算机采用高速电子器件作为逻辑元件，能高速准确地完成各种算术运算，使大量复杂的运算问题得以解决。

3. 运算精度高

计算机采用二进制表示数据，它的精度主要取决于数据表示的位数，称为字长。字长越长，精度越高。为了获得更高的计算精度，还可以进行双倍字长、多倍字长的运算，是其他计算工具所望尘莫及的。

4. 具有记忆能力和逻辑判断能力

计算机具有存储、记忆大量信息的功能，可以快速存取，这是计算机实现自动高速运行的必要条件。

5. 灵活性、通用性强

同一台计算机能解决不同的问题，应用于不同的范围。

1.1.3 计算机的发展

1946 年，在美国宾夕法尼亚大学，第一台由程序控制的电子数字计算机 ENIAC 诞生，它为电子计算机的发展奠定了技术基础。此后的几十年里，计算机获得了突飞猛进的发展。在推动计算机发展的很多因素中，电子器件的发展起着决定性作用，计算机系统结构和软件的发展也起着重大作用。

1. 第一代：电子管计算机（1946 ~ 1957 年）

第一代计算机采用电子管作为逻辑元件；计算机体积庞大、容量小、速度慢、可靠性差；支持的语言为机器语言或汇编语言；主要用途是科学计算。第一代计算机确立了计算机的基本结构：冯·诺依曼结构。

2. 第二代：晶体管计算机（1958 ~ 1964 年）

第二代计算机采用晶体管作为逻辑元件；计算机体积缩小、容量扩大、速度、可靠性有所提高；出现了 FORTRAN、COBOL、ALGOL 等高级语言；不仅用于科学计算，而且用于数据处理，并开始用于工业控制。

3. 第三代：集成电路计算机（1965 ~ 1970 年）

第三代计算机采用集成电路作为逻辑元件；计算机体积大大减小、可靠性更高，计算机性能得到显著提升；操作系统功能的强化是其显著特点；计算机管理和应用能力得到了更大程度的发挥。

4. 第四代：大规模集成电路计算机（1971 年至今）

第四代计算机采用大规模集成电路作为逻辑元件；计算机体积进一步减小，功耗低，性能价格比更高；应用软件得到极大程度的发展；微型计算机得到广泛应用，使计算机技术以空前的速度渗透到社会的各个领域。

当今计算机技术正朝着巨型化、微型化、网络化和智能化方向发展，未来更有一些新技术会融入到计算机的发展中去。新一代计算机不仅是在原有结构的基础上进行器件的更新换代，还可能突破冯·诺依曼结构，成为具有知识管理、高度并行的智能计算机。

1.1.4　计算机的应用

计算机已渗透到社会的各个领域，如工业、农业、国防、科学技术、教育和社会管理等，其应用主要体现在以下几个方面：

1. 科学计算

早期的计算机主要用于科学计算。目前科学计算仍然是计算机应用的一个重要领域，如生物计算、石油勘探、地震预测、气象预报、航天技术等需要具有高运算速度和精度以及逻辑判断能力的领域。

2. 过程控制

在电力、冶金、石油化工、机械等工业部门采用计算机对连续的工业生产过程进行控制，将工业自动化推向了一个更高的水平。

3. 数据处理

数据处理是目前计算机应用最广泛的一个领域，如企业管理、物资管理、报表统计、账目计算、信息情报检索等，其处理结果以表格或文件形式存储或输出。

4. 辅助系统

计算机辅助设计（CAD）是使用计算机帮助设计人员进行设计，提高设计质量，缩短设计周期，提高设计自动化水平。目前还有计算机辅助制造（CAM）、计算机辅助测试（CAT）、计算机辅助教育（CAI）等新的技术分支。

5. 人工智能

人工智能是开发一些具有人类某些智能行为的软、硬件系统，用计算机来模拟人的感知、判断、推理等智能活动的理论和技术，如智能学习系统、专家系统、机器人等。

6. 计算机网络

计算机网络是将分布在不同区域的计算机用通信线路连接起来，实现计算机之间的数据通信和资源的共享，使人们能更有效地利用资源，实现"足不出户，畅游天下"的梦想。

7. 多媒体应用

多媒体技术集文字、声音、图像等信息于一体，为人和计算机之间传递自然信息提供了途径，目前已用于教育训练、演示、咨询、管理、办公自动化、娱乐等方面。

1.1.5　计算机在中国的发展历程

1956 年，周恩来总理主持制定《十二年科学技术发展规划》，将电子计算机列为六大重点项目之一，计算机事业由此起步。在中国，计算机的发展按其采用的电子器件划分为四个时代。每个时代，计算机的发展都有重大突破或取得了巨大成就。

1. 第一代：电子管计算机（1958 ～ 1964 年）

1958 年 8 月 1 日，国内第一台电子计算机（八一型数字电子计算机）诞生，后改名为 103 型计算机。随后，国内第一台大型通用电子计算机（104 机）研制成功。

1960 年 4 月，夏培肃院士领导的科研小组首次自行设计，研制成功一台小型通用电子计算机（107 机）。

1964 年，国内第一台自行设计的大型通用数字电子管计算机 119 机研制成功，平均浮点运算速度达每秒 5 万次。

2. 第二代：晶体管计算机（1965 ～ 1972 年）

1965 年，国内第一台大型晶体管计算机（109 乙机）研制成功。

1967 年，109 丙机研制成功，在"两弹"试验中发挥了重要作用，被誉为"功勋机"。

华北计算所先后成功研制了 108 机、108 乙机（DJS-6）、121 机（DJS-21）和 320 机（DJS-6）。

3.第三代：基于中小规模集成电路的计算机（1973 年～ 80 年代初）

1973 年，北京大学与北京有线电厂等单位合作研制成功运算速度每秒 100 万次的大型通用计算机。

1983 年，中国科学院计算所完成我国第一台大型向量机 757 机，计算速度达每秒 1000 万次。

1983 年，国防科技大学成功研制运算速度每秒上亿次的银河 −I 巨型机，这是国内高速计算机研制的一个重要里程碑。

4.第四代：基于超大规模集成电路的计算机（20 世纪 80 年代中期至今）

1992 年，国防科技大学研制成功银河 −II 通用并行巨型机，峰值速度达每秒 4 亿次浮点运算（相当于每秒 10 亿次基本运算），总体上达到 80 年代中后期国际先进水平。

1993 年，曙光一号全对称共享存储多处理机研制成功，这是国内首次以基于超大规模集成电路的通用微处理器芯片和标准 UNIX 操作系统设计开发的并行计算机。

1995 年，国内第一台具有大规模并行处理机（MPP）结构的并行机曙光 1000（含 36 个处理机）研制成功，实际运算速度达到了每秒 10 亿次浮点运算这一高性能台阶。

1997 年，国防科技大学研制成功银河 −III 百亿次并行巨型计算机系统，系统综合技术达到 90 年代中期国际先进水平。

2001 年，中科院计算所研制成功国内第一款通用 CPU——"龙芯"芯片。"龙芯"的成功问世，标志着中国已经结束了在计算机关键技术领域的"无芯"历史。

2002 年，曙光公司推出完全自主知识产权的"龙腾"服务器，该服务器采用"龙芯 −1"CPU，采用了曙光公司和中科院计算所联合研发的服务器专用主板，采用曙光 LINUX 操作系统，是国内第一台完全实现自有产权的产品，在国防、安全等部门将发挥重大作用。

2015 年 11 月 16 日，新一期全球超级计算机 500 强榜单在美国公布，中国"天河二号"以每秒 33.86 千万亿次的浮点运算速度第六次蝉联冠军，这也是世界超算史上第一台实现六连冠的超级计算机，创造了世界超算史上连续第一的新纪录。

拓展知识

汉字激光照排创始人——王选

王选出生于 1937 年，江苏无锡人，中国科学院院士，中国工程院院士，第三世界科学院院士，北京大学教授。他是汉字激光照排系统的创始人和技术负责人，他所领导的科研集体研制出的汉字激光照排系统为新闻、出版全过程的计算机化奠定了基础，被誉为"汉字印刷术的第二次发明"，他本人被誉为"当代毕昇"。

图 1-2　王选

20 世纪 70 年代，国外的印刷技术突飞猛进，激光照排技术已经在研制第四代，而我国仍停留在铅印时代，我国政府打算研制自己的二代机、三代机。王选大胆地选择在技术上的跨越，直接研制西方还没有产品的第四代激光照排系统。针对汉字的特点和难点，他发明了高分辨率字形的高倍率信息压缩技术和高速复原方法，率先设计出相应的专用芯片，在世界上首次使用"参数描述方法"描述笔画特性，并取得欧洲和中国的发明专利。这些成果开创了汉字印刷的一个崭新时代，引发了我国报业和印刷出版业"告别铅与火，迈入光与电"的技术革命。国产激光照排系统使我国传统出版印刷行业仅用了短短数年时间，从铅字排版直接跨越到激光照排，完成了西方几十年才完成的技术改造道路，被公认为毕昇发明活字印刷术后中国印刷技术的第二次革命。

1.2　计算机系统的组成

学习任务

掌握计算机系统的基本组成；熟练掌握计算机硬件系统各部件及其功能；熟练掌握软件系统，并能区分系统软件和应用软件。

动手实践

1. 观察计算机的外观，认识各个组成部件，并说出它们各自的作用；

2.结合自己实际应用，认识常用的计算机软件，并能区分类型。

 基础知识

1.2.1　计算机系统的基本组成

一个完整的计算机系统由计算机硬件系统和计算机软件系统两部分组成，两者相互依存，缺一不可，如图1-3所示。硬件是指机器本身，是一些看得见、摸得着的计算机的实体，它是计算机实现其功能的物质基础，其配置可分为主机和外部设备。软件是指挥计算机运行的程序集合，可分为系统软件和应用软件。

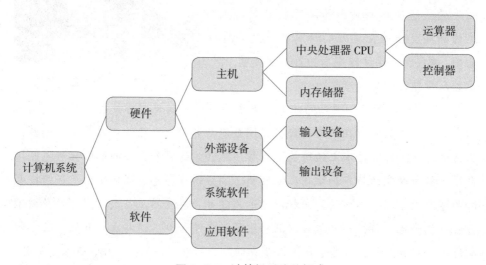

图1-3　计算机系统的组成

计算机内所有的信息都是以0或1组成的二进制数，每个0或1就是信息表示的最小单位，称为位（bit），存储器可容纳的二进制信息量称为存储容量。KB、MB、GB和TB都是存储容量单位，它们之间的换算关系是：1KB=1024B，1MB=1024KB，1GB=1024MB，1TB=1024GB。

1.2.2　计算机硬件系统

就计算机的结构原理来讲，目前占主流地位的仍是冯·诺依曼型计算机，它包含5大功能部件：运算器、控制器、存储器、输入设备和输出设备。运算器和控制器往往组装在一起，称为中央处理器（Central Processing Unit，CPU），负责发出和接收指令并进行数据处理，计算机的性能在很大程度上由CPU的性能决定。中央处理器和内存储器合称为主机，输入设备与输出设备等合称为外部设备。

1. 各功能部件介绍

（1）运算器。运算器是计算机中用于信息加工的部件，它用来对数据执行算术和逻辑运算。

（2）控制器。控制器产生控制信号，协调和指挥整个计算机系统的操作。

（3）存储器。存储器是保存信息的设备，可分为内存储器（内存）和外存储器（外存）。内存是用来暂时存放当前正在执行的数据和程序，是计算机数据的中转站，关闭电源或断电，数据会丢失。在计算机运算过程中，内存直接与CPU交换信息，内存存取速度快，但容量小。外存属于外部设备，能长期保存信息，外存容量大，但存储速度慢。外存中的信息只有传到内存后才能由CPU进行处理。

（4）输入设备。输入设备是计算机的信息收集器，所有可向计算机输入信息的设备均为输入设备。输入设备的种类很多，最常见的如键盘、鼠标。此外还有文档 / 图片输入设备扫描仪，音频输入设备麦克风，视频输入设备摄像头、数码相机，磁盘、U 盘、光盘，等等。

（5）输出设备。输出设备是计算机的信息展示器。用户计算机的信息，经过处理后通过一定的输出设备提供给用户。显示器是必备的输出设备，此外还有打印机，音频输出设备音箱、耳机，绘图仪，磁盘、U 盘、光盘，等等。很多设备既可作为输入设备，也可作为输出设备。

2. 微型计算机硬件介绍

（1）CPU。CPU 是计算机的核心，相当于人的"大脑"。常见的品牌有Intel 和 AMD，如图 1-4 所示。

Intel 品牌 CPU   AMD 品牌 CPU

图 1-4　CPU

（2）内存。内存是与 CPU 进行沟通的桥梁，用于外存等硬件设备与 CPU

之间的数据交换处理。常见的内存条如图 1-5 所示。

（3）硬盘。硬盘是数据存储地，用于存储软件和用户数据，制造厂商有希捷、西部数据、日立、东芝、三星等。常见硬盘如图 1-6 所示。

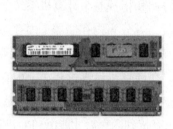

图 1-5　内存条　　　　　　　　　　图 1-6　硬盘

（4）光驱。全称光盘驱动器，是用来读写光碟内容的机器，也是在台式机和笔记本便携式电脑里比较常见的一个部件。常见的光驱有 CD-ROM 驱动器，DVD 光驱（DVD-ROM）和刻录机等。常见光驱如图 1-7 所示。

（5）显卡。显卡是计算机的信息输出中枢。计算机处理的信息通过显卡输出到显示器，直观地展示给用户，是实现"人机对话"的重要设备之一。显卡有独立显卡和集成显卡之分，独立显卡是一块单独的配件（图 1-8），集成显卡只是电脑主板内部的一块图形处理芯片。

图 1-7　光驱　　　　　　　　　　图 1-8　独立显卡

（6）声卡。声卡可以把来自话筒、磁带、光盘等的原始声音信号加以转换，将声音输出到音箱、耳机等设备，主要分为板卡式（图 1-9）、集成式（集成在主板上）和外置式（图 1-10）三种接口类型。

（7）网卡。网卡在网络和本地计算机之间传送数据包，如图 1-11 所示。随着网络使用的普及，网卡的需求比例也相继提高，各大小厂商逐渐采用将网卡集成到主板上的方案。

图 1-9　板卡式声卡

图 1-10　外置式声卡

图 1-11　网卡

（8）电源。电源是计算机的动力来源，是整个计算机系统是否正常运转的基本保障，如图 1-12 所示。

图 1-12　电源

（9）主板。主板安装在主机箱内，一般为矩形电路板，上面安装了组成计算机的主要电路系统。典型的主板能提供一系列接合点，供硬盘、显卡、声卡、对外设备等设备接合。如图 1-13 所示。

（10）主机箱。主机箱用于放置和固定电脑配件，起到承托和保护作用，还能有效地屏蔽电磁辐射。主机箱的背面有电源的散热口、主板接口槽、显卡及设备卡槽等，如图 1-14 所示。主机箱前面板或上方通常有电源按钮和重启按钮，还有 USB 接口、音频接口等，如图 1-15 所示。

图 1-13　主板

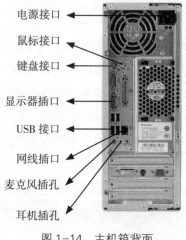
电源接口
鼠标接口
键盘接口
显示器插口
USB 接口
网线插口
麦克风插孔
耳机插孔
图 1-14　主机箱背面

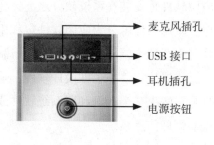
麦克风插孔
USB 接口
耳机插孔
电源按钮
图 1-15　主机箱前面板

1.2.3 计算机软件系统

软件系统是为运行、维护、管理和应用计算机而编制的程序和数据的总和。计算机的软件分为系统软件和应用软件两大类。

1. 系统软件

系统软件是用来扩大计算机的功能，提高计算机工作效率以及方便用户使用计算机的软件。系统软件一般包括操作系统、各种驱动程序、编译程序、数据库软件等。

操作系统是最基本、最重要的系统软件，它能有效地组织和管理计算机系统中的硬件以及软件资源，合理地组织计算机的工作流程，控制程序的执行，并向用户提供各种服务功能，使用户能够灵活、方便、有效地使用计算机，并使整个计算机系统能高效地运行。目前主流的操作系统是 Windows 系列操作系统和 Linux 类操作系统。Windows 系列操作系统是微软公司推出的一系列操作系统，如 Windows XP 操作系统，Windows 7 操作系统及 2015 年 7 月启动推送的 Windows 10 操作系统。国产操作系统，主要有红旗 Linux、中标麒麟操作系统、凝思磐石安全操作系统、共创 Linux 桌面操作系统等，多为以 Linux 为基础二次开发的操作系统。从整个市场（主要为家用 PC）占有的份额来讲，Windows 系列操作系统的排名在全球占绝对的领先优势。2014 年 4 月 8 日起，美国微软公司停止了对 Windows XP 操作系统提供服务支持，这引起了社会和广大用户的广泛关注和对信息安全的担忧。工信部对此表示，将继续加大力度，支持我国 Linux 的国产操作系统的研发和应用，并希望用户可以使用国产操作系统。

2. 应用软件

应用软件是安装在系统软件之上，为解决某个应用领域的具体任务而编制的程序。应用软件可分为应用软件包和用户程序。应用软件包是计算机厂家或软件公司为了某一领域的应用而专门研制的应用软件，如办公软件、图像处理软件、媒体播放软件、辅助设计软件、杀毒软件和网络应用软件等。用户程序是用户为了解决某个问题利用系统软件或应用软件开发的专用程序，例如某单位的人事管理信息系统。

 拓展知识

选购计算机的注意事项

选购计算机，首先定位计算机的用途，是家用、办公还是用于大型游戏。若要玩大型游戏，就要选择各方面配置较高的，如果是家用或办公用，则视需而定。主要需考虑下述三个方面的配件：

1. 关系到性能的配件

CPU：计算机的核心部分，其性能好坏直接关系到计算机的运行速度。首先看架构，一般架构越新，性能越优秀；其次看主频，相同的核心架构下，主频越高，CPU 的速度也就越快；第三看缓存，二级缓存越大越好。

内存：内存容量越大，速度越快；内存频率越高越好；时序越低越好。

显卡：主要看核心频率，显存速度及容量。

硬盘：容量是重要指标，可根据需要选择。

2. 关系到稳定性的配件

电源：主机的供电系统，功率适合为好。

主板：主要看各种接口的类型和数量，以及主板所支持的技术。

3. 关系到使用舒适度的配件

显示器：主要看分辨率和尺寸。分辨率越高，画面越精细；尺寸则是实际看上去的感受。

机箱：主要体现在防止变形、散热和抗震三方面。

键盘：键盘的耐磨性十分重要，其次就是做工和手感。

鼠标：功能适合的前提下，手感比较重要。

1.3 计算机的简单操作

 学习任务

掌握键盘布局；熟练掌握操作键盘的方法及鼠标的使用。

 动手实践

启动计算机，完成以下任务：

1.采用正确的指法练习键盘操作;

2.练习鼠标操作,观察执行不同的操作后发生的变化。

 基础知识

用户在操作计算机时,一般使用键盘和鼠标作为主要的输入工具。

1.3.1 键盘的使用

键盘是计算机的一个重要输入设备,通过它可以将英文字母、中文、数字、标点符号等输入到计算机中,还可以利用键盘向计算机发出指令,控制计算机的运行。

1.键盘的布局

根据键盘各键的功能,将键盘分为主键盘区、功能键区、编辑键区、小键盘区及状态指示灯区5个区,如图1-16所示。

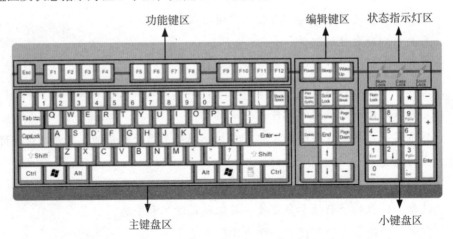

图 1-16 键盘结构图

2.常用键介绍

表 1-1　　　　　　　　常用键符、键名及功能表

键符	键名	功能及说明
A–Z(a–z)	字母键	用于输入英文和汉字
0–9	数字键	数字键的下档为数字,上档为符号
Shift(⇧)	换档键	与字母组合时,可进行大小写转换;与双字符键组合,可输入双字符键上面的字符

（续表）

键符	键名	功能及说明
Caps Lock	大小写字母锁定键	打开时，状态指示灯 Caps Lock 指示灯亮，输入的字母为大写；当关上时，Caps Lock 指示灯不亮，输入的字母为小写。默认状态为小写
Enter	回车键	输入行结束、换行、执行命令
Backspace（←）	退格键	删除当前光标前一字符，光标左移一位
Space	空格键	在光标当前位置输入空格
Print Screen	屏幕复制键	将当前屏幕复制到剪贴板
Ctrl	控制键	与其他键组合，形成组合功能键
Alt	交替换档键	与其他键组合，形成组合功能键
Pause/Break	暂停键	暂停正在执行的操作
Tab	制表键	在制作图表时用于光标定位；光标跳格（8 个字符间隔）
F1–F12	功能键	各键的具体功能由使用的软件系统决定，一般在程序窗口中 <F1> 键可以获取该程序的帮助
Esc	退出键	用于结束和退出程序，也可以取消正在执行的命令（不同软件其功能也有所不同）
Del（Delete）	删除键	删除光标后面字符
Ins（Insert）	插入键	插入字符、替换字符的切换
Home	功能键	光标移至屏幕首或当前行首（软件系统决定）
End	功能键	光标移至屏幕尾或当前行末（软件系统决定）
PgUp（PageUp）	功能键	上翻一页，不同的软件赋予不同的光标快速移动功能
PgDn（PageDown）	功能键	下翻一页，不同的软件赋予不同的光标快速移动功能
↑、↓、→、←	光标控制键	光标向相应的箭头方向移动
Num Lock	数字锁定键	状态指示灯 Num Lock 亮，小键盘区输入的是数字状态，否则为光标控制状态，起编辑作用

3. 正确的键盘指法

使用键盘时每个手指都有明确的分工，正确的指法可以提高输入速度。每一只手指都有其固定对应的按键：

（1）左小指：<`>、<1>、<Q>、<A>、<Z>。

（2）左无名指：<2>、<W>、<S>、<X>。

（3）左中指：<3>、<E>、<D>、<C>。

（4）左食指：<4>、<5>、<R>、<T>、<F>、<G>、<V>、<B>。

（5）左、右拇指：空格键。

（6）右食指：<6>、<7>、<Y>、<U>、<H>、<J>、<N>、<M>。

（7）右中指：<8>、<I>、<K>、<,>。

（8）右无名指：<9>、<O>、<L>、<.>。

（9）右小指：<0>、<->、<=>、<P>、<〔>、<〕>、<\>、<；>、<'>、</>。

其中<A>、<S>、<D>、<F>、<J>、<K>、<L>、<；>为基准键位。左手的食指、中指、无名指和小指分别放在<F>、<D>、<S>、<A>；右手的食指、中指、无名指和小指分别放在<J>、<K>、<L>、<；>，如图1-17所示。敲击任何其他键，手指都从这里出发，而且完成后要立即回到该位置。通常在<F>、<J>两个键上都有一个凸起的横杠，以便通过触摸定位。

图1-17　基准键位

1.3.2　鼠标的使用

鼠标是计算机的另一重要输入设备，就像计算机的"指挥官"，使用它可以方便地执行各种操作。

1.鼠标的外观

常用的鼠标为分有线鼠标和无线鼠标两种，如图1-18所示。虽然鼠标的外观有所差异，但其功能、作用都大致相同。

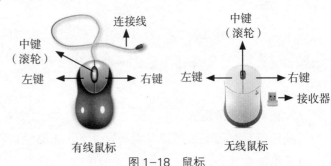

图1-18　鼠标

2. 鼠标指针的含义

鼠标指针的形状不是一成不变的，不同形状的指针代表不同的含义，表示计算机处于不同的工作状态，表 1-2 是 Windows 7 操作系统中常见鼠标指针不同形状的含义。

表 1-2 　　　　　　　　　　　　　指针形状含义表

鼠标指针	指针含义	鼠标指针	指针含义
⌖	正常选择	⊘	不可用
⌖?	帮助选择	↔	水平调整
⌖○	后台运行	↕	垂直调整
○	忙	⤡	沿对角线调整
I	文本选择	✛	移动
✎	手写	🖑	链接

3. 鼠标的基本操作

常用的鼠标操作包括指向、单击、右击、双击和拖动，每种操作都有各自的作用。此外，还可以使用食指滚动鼠标的滚轮实现页面的上下移动。

（1）指向。指向是鼠标指针移动到某一对象上并稍作停留。一般进行指向操作后，该对象上会出现相应的提示信息，图 1-19 为鼠标指向"计算机"的操作效果。

图 1-19 "指向"操作效果　　　　　图 1-20 "单击"操作效果

（2）单击。单击用于选定对象、打开菜单或启动程序。鼠标指向要选取的对象，按下鼠标左键并立即松开即可完成，被选中的对象呈高亮显示，图 1-20 为单击"计算机"的操作效果。

（3）右击。右击用于打开相关的快捷菜单，指向某对象后，击鼠标右键，

图 1-21 为右击"计算机"的操作效果。

图 1-21 "右击"操作效果

（4）双击。双击用于打开对象或运行程序。指向某对象后，连续快速地按两下鼠标左键，然后松开，图 1-22 为双击"计算机"的操作效果（因各机器分区及设备不同会有差异）。

图 1-22 "双击"操作效果

（5）拖动。拖动用于移动对象到新位置，指向某对象后，按住鼠标左键不放，将对象从一个位置拖动到另一个位置。将"计算机"从一个位置（图 1-23）拖动到另一个位置的操作效果如图 1-24 所示。

图 1-23 "拖动"前位置　图 1-24 "拖动"后位置

 **拓展知识**

使用电脑的正确姿势

很多人工作需要长时间操作电脑，姿势不正确，就会容易形成"电脑脖""鼠标手"，出现脖子酸疼、手臂酸麻、头晕头痛等症状，如果长时间坐姿不正确，还容易腰酸背痛，甚至影响脊椎、压迫神经，因此使用正确的姿势非常重要。具体如下：

1. 身体略向后倾，颈部有托扶。

2. 手臂自然下垂，有托扶；在操作键盘或鼠标的时候，尽量使手腕与桌面保持水平，可在手腕下方放置鼠标垫，以使手腕更舒适，预防"鼠标手"产生。

3. 与显示器保持 60cm 的距离，屏幕上所显示的第一排字最好位于视线下约 3cm 的地方，让眼睛形成微微向下注视显示器屏幕的角度，使颈部肌肉得到放松。

4. 使用笔记本或桌面电脑，每隔一小时就应休息 5 至 10 分钟，在放松身体的同时，也可以缓解眼睛和大脑的疲劳。

1.4　中文录入

 学习任务

掌握输入法的设置；了解常见的中文录入的方法，熟练掌握一种中文录入的方法。

 动手实践

启动计算机，练习中文录入方法。

 基础知识

使用计算机的过程中，文字录入是必不可少的一项工作。中文输入法，又称为汉字输入法，是指为了将汉字输入计算机或手机等电子设备而采用的编码方法，是中文信息处理的重要技术。常用的中文输入法有微软拼音输入法、搜狗拼音输入法、五笔字型输入法等。一般系统默认输入为英文，若要输入中文，需单击屏幕右下角的"输入法图标"按钮 ▭ ,在弹出的菜单中单击相应的输入法即可。

1.4.1　输入法的设置

用户可以对输入法进行设置，如添加、删除输入法，更改系统默认输入语言等。

单击屏幕左下角"开始"按钮，在"开始"菜单中单击"控制面板"项，如图1-25所示。

"开始"按钮

图1-25　"开始"菜单

在"控制面板"窗口中单击"更改键盘或其他输入法"，如图1-26所示。

图1-26　"控制面板"窗口

在"区域和语言"对话框中单击"键盘和语言"选项卡，单击"更改键盘（C）..."按钮，如图 1-27 所示。

图 1-27　"区域和语言"对话框

在"文本服务和输入语言"对话框中单击"常规"选项卡，单击"添加"按钮，如图 1-28 所示。

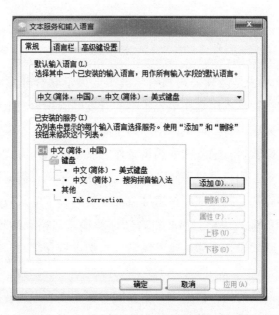

图 1-28　"文本服务和输入语言"对话框

在"添加输入语言"对话框中单击需要添加的输入法类型，单击"确定"按钮，如图 1-29 所示。依次单击各对话框的"确定"按钮，输入法添加结束。用户也可以根据需要通过网络下载其他的输入法程序并安装。

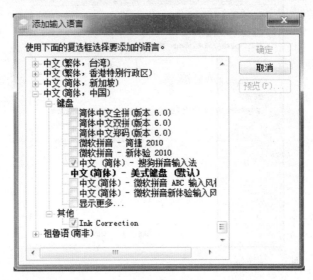

图 1-29　"添加输入语言"对话框

用户还可以通过"文本服务和输入语言"对话框删除输入法、设置默认输入语言。

1.4.2　微软拼音输入法

微软拼音输入法是微软公司和哈尔滨工业大学联合开发的一种智能化拼音输入法。微软拼音输入法是在早先版本的开发经验积累之上，结合最新的自然语言方面的研究成果，并遵循以用户为中心的设计理念，设计的一款多功能汉字输入工具。微软拼音输入法采用拼音作为汉字的录入方式，它采用基于语句的连续转换方式。用户可以不间断地键入字词、短语、甚至整句话的拼音，不必关心分词和候选，既保证用户思维流畅，又提高了输入效率。它提供了两个可以独立使用的输入风格：微软拼音新体验输入风格和微软拼音 ABC 输入风格。下面以"微软拼音新体验输入风格"为例进行介绍。

1.常规输入

用户进行输入的时候，拼音窗口中会同时存在多个未经转换的拼音音节。输入法自动掌握拼音转汉字的时机，以减少拼音窗口的闪烁，如图 1-30 所示。

不论是转换后的汉字还是未经转换的拼音，用户都可以使用光标控制键"←"或"→"定位进行编辑。

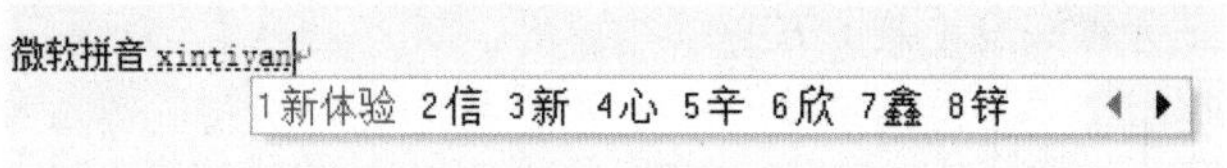

微软拼音 xintiyan|

1 新体验 2 信 3 新 4 心 5 辛 6 欣 7 鑫 8 锌 ◀ ▶

图 1-30 输入实例

一旦用户键入了大写字母，输入法则自动停止随后的汉字转换过程，直到用户确认输入为止。除了大写字母外，输入法还能识别以 http, ftp 和 mailto 开头的地址。

2. 中英文混合输入

用户在进行中英文混合输入时，不需要切换输入法，只要设置"支持中 / 英文混合输入"，连续地输入英文单词和汉语拼音即可。输入法根据上下文来判断输入的是英文还是汉语拼音，然后作相应的转换。

3. 错误修改

用户在录入句子时不用一个出错就马上修改，在一句话完全输入后，再从句首开始一起修改。因为在输入过程中，系统会自动根据上下文做出调整，将语句调整成它认为最可能的形式，很多错词或字会在转换过程中消失。输入完整一句后，按下"←"键会将光标快速移到该句句首。

1.4.3 五笔字型输入法

五笔字型输入法也称"王码五笔"，是王永民发明的一种汉字输入法。五笔字型输入法完全依据笔画和字形特征对汉字进行编码。其他如极点五笔、万能五笔、智能五笔等，大部分采用 86 版五笔编码标准，因此与"王码五笔"输入方法相同。使用五笔字型输入法录入文字按照从左到右，从上到下，从外到内的取码顺序，过程与手写极为相似，适合拼音不熟练的用户使用。下面以86 版五笔编码标准为例进行介绍。

1. 单字的输入

每个汉字由笔画、偏旁、部首、单字组合而成，其中偏旁和部首统称为字根，每个字根与键盘"主键区"字母相对应，如表 1-3 所示。"Z"键称为"万能键"或"帮助键"，没有任何字根，但可以替代任一字根，如果不能确定某个字根的键位，可以用它代替。

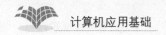

表 1-3 字根记忆口诀

字母	对应字根口诀	高频字
G	王旁青头戈（兼）五一	一
F	土士二干十寸雨	地
D	大犬三（羊）古石厂	在
S	木丁西	要
A	工戈草头右框七	工
H	目具上止卜虎皮	上
J	日早两竖与虫依	是
K	口与川，字根稀	中
L	田甲方框四车力	国
M	山由贝，下框几	同
T	禾竹一撇双人立，反文条头共三一	和
R	白手看头三二斤	的
E	月彡（衫）乃用家衣底	有
W	人和八，登祭头	人
Q	金勺缺点无尾鱼，犬旁留（乂）儿一点夕，氏无七（妻）	我
Y	言文方广在四一，高头一捺谁人去	主
U	立辛两点六门疒	产
I	水旁兴头小倒立	不
O	火业头，四点米	为
P	之字军盖建道底，摘礻（示）衤（衣）	这
N	已半巳满不出己，左框折尸心和羽	民
B	子耳了也框向上	了
V	女刀九臼山朝西	发
C	又巴马，丢矢矣	以
X	慈母无心弓和匕，幼无力	经

汉字拆分为字根的原则是：相连结构拆成单笔与基本字根（如"来"，拆为"一米"）；交叉结构或交连混合结构采用取大优先（如"世"拆为"廿乙"）、兼顾直观（如"自"拆为"丿目"）；能散不连（如"百"拆为"丆日"）；能连不交（如"丑"拆为"乙土"）。一般汉字的输入方法是该汉字的第一个字根＋第二个字根＋第三个字根＋最后的字根，最多需要四个字母，不足四个字母，则输入字根对应的字母后，再按"空格键"即可。常用的汉字用简码即可输入。

（1）一级简码。一级简码是用一个字母加"空格键"可录入的字，表 1-3 中的 25 个高频字。如"地"，输入"F"，再按"空格键"即可。

（2）二级简码。二级简码是用前两个字根对应的字母加"空格键"可录入的字，有 600 个左右。如："渐"，依次输入"IL"，再按"空格键"即可。

（3）三级简码。三级简码是用前三个字根对应的字母加"空格键"可录入的字，有 4000 多个。如"解"，依次输入"QEV"，再按"空格键"即可。

（4）全码：用四个字母录入的字。如："偷"，依次输入"WWGJ"即可。

键名字：表 1-3 中第一个字根称为键名字，此类字只需连续输入对应的字母四次，如"日"，输入"JJJJ"即可。

成字字根：字根本身就是一个完整的汉字，则先输入字根所在键，再按一、二、末笔的笔画所在键，（不足四键，输入空格键）。如"早"，依次输入"JHNH"即可。

如果一个字的字根输入完后，仍不能出现所需汉字，则采用末笔识别码的方式确定，即根据最后笔画（横、竖、撇、捺、折）及字的结构（左右型、上下型、其他结构）确定。

"横"的左右、上下、其他结构对应的末笔识别码分别为"G""F""D"；

"竖"的左右、上下、其他结构对应的末笔识别码分别为"H""J""K"；

"撇"的左右、上下、其他结构对应的末笔识别码分别为"T""R""E"；

"捺"的左右、上下、其他结构对应的末笔识别码分别为"Y""U""I"；

"折"的左右、上下、其他结构对应的末笔识别码分别为"N""B""V"。

如"纹"，输入"XY"未出现该汉字，"纹"字最后一笔为"捺"，为左右型结构，对应的末笔识别码分别为"Y"，因此其五笔输入为"XYY"。

2. 双字词语的输入

第一个字的第一个字根＋第一个字的第二个字根＋第二个字的第一个字

根＋第二个字的第二个字根，依次输入以上字根对应的字母即可。如"农村"，依次输入"PESF"即可。

3. 三字词语的输入

第一个字的第一个字根＋第二个字的第一个字根＋第三个字的第一个字根＋第三个字的第二个字根，依次输入以上字根对应的字母即可。如"研究员"，依次输入"DPKM"即可。

4. 四字词语的输入

第一个字的第一个字根＋第二个字的第一个字根＋第三个字的第一个字根＋第四个字的第一个字根，依次输入以上字根对应的字母即可。如"共产党员"依次输入"AUIK"即可。

5. 多字词语的输入

第一个字的第一个字根＋第二个字的第一个字根＋第三个字的第一个字根＋最后一个字的第一个字根，依次输入以上字根对应的字母即可。如"中华人民共和国"，依次输入"KWWL"即可。

 拓展知识

输入法图标不见了怎么办?

如果任务栏中的"输入法图标" ⌨ 不见了，可以先按照输入法设置的方

图 1-31　语言栏—隐藏　　　　　　图 1-32　语言栏—停靠

法打开"文本服务和输入语言"对话框，单击其中的"语言栏"选项卡，会发现当前语言栏的状态是隐藏的，如图 1-31 所示。

选中"悬浮于桌面上"或者"停靠于任务栏"，如图 1-32 所示，然后依次单击右下方的"应用"和"确定"按钮，就可以在任务栏上看到输入法的图标了。

本章小结

计算机的发明和应用，具有划时代的意义。本章讲述计算机基础知识，通过本章学习，应掌握计算机的概念和特征，理解计算机中数据和信息的概念，了解计算机的发展及应用，掌握计算机在中国的发展历程；掌握计算机系统的基本组成及计算机硬件各部件的功能，掌握软件系统的概念，能区分系统软件和应用软件；可以通过键盘、鼠标熟练操作计算机；能掌握一种中文录入方法，快速地录入文字。通过掌握本章知识，为后续章节的学习打下基础。

 课后练习

1. 简述计算机、信息、数据的概念。

2. 简述计算机的特征。

3. 简述计算机的发展与应用。

4. 简述计算机在中国的发展历程。

5. 计算机系统的组成共包括哪几部分？举例说明几种硬件设备。

6. 软件系统的功能是什么？举例说明几种应用软件。

7. 简述键盘的布局，举例说明常用键的功能。

8. 简述鼠标的基本操作。

第 2 章　管理计算机

 学习目标

了解：Windows 7 操作系统的由来；Windows 7 操作系统的界面；控制面板的作用；常见音视频文件格式。

掌握：Windows 7 操作系统的启动与退出；屏幕保护程序的作用；控制面板的使用方法；磁盘分区及其作用；常见多媒体工具的使用方式。

熟练掌握：Windows 7 操作系统窗口、菜单、对话框的操作；个性化桌面设置，屏幕保护程序设置；用户账户设置和管理的方式，更改系统日期和时间的方式，安装/删除程序的方法，死机及应对方式；文件及文件夹的操作；文件的压缩与解压缩操作。

从计算机管理的角度来看，操作系统是一个非常重要的概念。如果把计算机硬件比作一个酒店的大楼，那么操作系统就相当于酒店的管理系统，没有管理系统，酒店大楼再豪华也只能是一个空壳。

2.1　认识 Windows 7 操作系统

 学习任务

了解 Windows 7 操作系统的界面；掌握 Windows 7 操作系统的启动与退出；熟练掌握 Windows 7 操作系统窗口分类以及"资源管理器"窗口的使用方法，Windows 7 菜单、对话框和任务栏的使用方法。

 动手实践

本实践将学习 Windows 7 操作系统的启动与退出，并认识 Windows 7 的"资源管理器"窗口。

步骤 01　在计算机通电状态下，按下主机箱或笔记本键盘上的电源键，计算机系统开始启动，启动完成后显示如图 2-1 所示的画面。

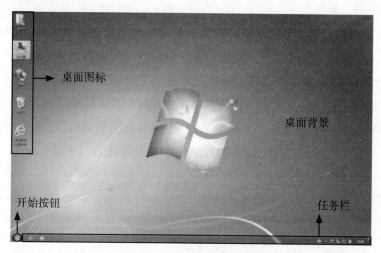

图 2-1　Windows 7 桌面

步骤 02　查看计算机桌面上已有的桌面图标，双击"计算机"图标打开"资源管理器"窗口，如图 2-2 所示，认真观察计算机的磁盘分区。

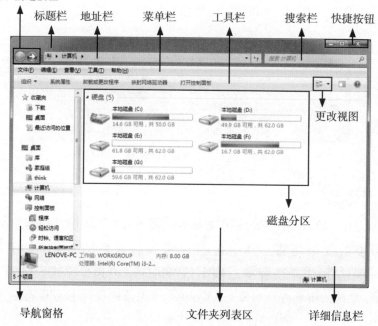

图 2-2　Windows 7 "资源管理器" 窗口

　　步骤 03　单击"资源管理器"窗口右上角的"最小化"按钮 ，可以使窗口最小化到"任务栏"上。

　　步骤 04　鼠标指向"任务栏"左下角的"Windows 资源管理器"图标，显示出正在操作的文件夹窗口，单击窗口或图标都可以将其再次打开，如图 2-3 所示。

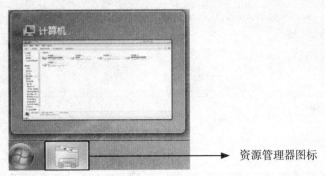

　　　　　　　　　　　　　　　　　　　　　　　　　　　资源管理器图标

图 2-3　任务栏上的资源管理器图标

　　步骤 05　单击"资源管理器"窗口右上角的"关闭"按钮 ⊠，关闭"资源管理器"窗口。

　　步骤 06　单击计算机屏幕左下角的"开始"按钮打开"开始"菜单，在"开始"菜单中单击"关机"按钮关闭计算机，如图 2-4 所示。

开始按钮　　　　　　　　　　　　　　　　　　　关机按钮

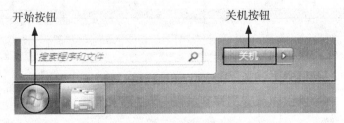

图 2-4　关机按钮

基础知识

　　在过去的 30 年中，微软的 Windows 操作系统经历了 Windows 1.0 到 Windows 10 的发展历程，其中包括较为人们熟悉的 Windows XP 操作系统、Windows 7 操作系统和新近推出的 Windows 10 操作系统。到目前为止 Windows 7 系统的市场占有率最高。Windows 7 系统的设计主要围绕五个重点，即针对笔记本电脑的特有设计、基于应用服务的设计、用户的个性化设计、视听娱乐的优化设计、用户易用性设计。它的终极目标是：快速、简单、安全、廉价和节约使用成本。

2.1.1 Windows 7 系统的桌面

1. Windows 7 系统的启动与退出

按下主机箱或笔记本键盘上的电源键，可以启动 Windows 7 操作系统，进入它的工作界面，如图 2-1 所示的整个计算机屏幕区域称为 Windows 7 系统的桌面。用户可以在该区域中自由的放置桌面图标，桌面上的每一个图标表示一个应用程序或者一个文件。通常桌面由桌面背景、桌面图标以及屏幕最下方的"任务栏"组成。

工作完成之后单击桌面左下角的"开始"按钮，在弹出的"开始"菜单中单击"关机"按钮，如图 2-4 所示，计算机就会先关闭所有打开的程序，然后关闭 Windows 7 系统，最后关闭计算机。

2. 认识桌面图标

每一台计算机上因为安装的软件不同，或者因为个人喜好不同，桌面上的内容也各不相同。常见的桌面图标有五个，分别是用户的文件、计算机、网络、回收站和浏览器，如图 2-5 所示。

图 2-5 Windows 7 的桌面图标

用户的文件：计算机内部的一个文件夹，用于存放文件，显示名称为用户账户名称（详见 2.3 节设置用户账户部分）。

计算机：包含计算机内部的所有内容，一般在这里进行文件的管理工作，相当于早期 Windows 版本的"我的电脑"图标。

网络：通过它可以访问网络上的其他计算机，相当于早期版本的"网上邻居"图标。

回收站：被删除的文件暂时存放的位置，这里面的文件都可以还原，也可以使用清空回收站的方式把它们彻底删除。

Internet Explorer（IE 浏览器）：微软公司推出的一款网页浏览器。

3. 认识任务栏

"任务栏"是 Windows 7 操作系统的重要工具之一，位于 Windows 7 桌面的最底部。如图 2-1 所示。

（1）任务栏的组成部分。"开始"按钮：单击可以打开"开始"菜单，用以启动应用程序或者关闭计算机，如图 2-6 所示。

快速启动栏：可以直接启动常用程序，已经打开的应用程序图标也会显示在本部分中，如图 2-6 所示。

图 2-6   "开始"按钮与快速启动栏

中间空白区域：用于在不同窗口之间切换。

通知栏（驻留任务指示器）：显示操作系统启动时连带启动的各种常驻后台的应用程序任务图标。向用户提示一些系统信息和重要操作，如日期、时间、声音、网络等，如图 2-7 所示。

显示桌面："任务栏"最右侧的部分，单击可以显示桌面，如图 2-7 所示。

图 2-7   通知栏与显示桌面

"任务栏"上显示的图标因用户系统的设置不同而存在差异。

（2）自动隐藏任务栏。有些情况下"任务栏"会妨碍用户的实际操作，此时可以将"任务栏"隐藏，具体操作如下。

在"任务栏"中间的空白区域右击；在弹出的快捷菜单中选择"属性"命令，打开"任务栏和开始菜单属性"对话框；单击对话框中的"任务栏"选项卡，选中"自动隐藏任务栏"复选框。单击"应用"按钮，再单击"确定"按钮关闭对话框。

执行完此操作后，当鼠标指针移到屏幕底端时"任务栏"自动显示，移开鼠标时"任务栏"自动隐藏。

2.1.2　Windows 7 系统的窗口

Windows 7 系统中运行的应用程序都有类似的窗口结构，用户可以在窗口中执行具体的操作。常用的窗口结构有三种类型，分别是"资源管理器"窗口（文件夹窗口）、程序窗口和对话框窗口。

1. 资源管理器窗口（文件夹窗口）

"资源管理器"窗口是文件夹面向用户的操作平台，用户可以通过该窗口对相应的磁盘及文件夹内容进行各种操作，如图 2-2 所示。

（1）标题栏：位于"资源管理器"窗口的最上方，按住鼠标拖动"标题栏"，窗口会随鼠标指针移动。双击"标题栏"会使窗口充满整个屏幕，再次双击"标题栏"，窗口还原到原来尺寸。

（2）"后退"和"前进"按钮：使用"后退"按钮 ⬅ 和"前进"按钮 ➡ 可以导航至已经打开的其他文件夹或库，而无需关闭当前窗口。

（3）快捷按钮：包括"最小化"按钮、"最大化/还原"按钮和"关闭"按钮。

"最小化"按钮 ▭ ：单击此按钮使"资源管理器"窗口退至后台并显示在"任务栏"上一个快捷按钮。

"最大化/还原"按钮：在窗口没有充满整个屏幕时，显示"最大化"按钮 ▢ ，单击时窗口充满屏幕；此时显示为"还原"按钮 ▣ ，单击时窗口还原为最大化以前的尺寸。

"关闭"按钮 ✖ ：单击时关闭"资源管理器"窗口。

当鼠标指针位于窗口的四个边缘时，呈现横向或纵向的双向箭头，此时拖拽鼠标可以任意调整窗口的大小。

（4）工具栏：是"资源管理器"窗口常用操作命令的集合，使用工具栏可以执行一些常见任务。

（5）导航窗格：即资源、文件夹列表窗口，简称为"左窗"，使用导航窗格可以访问库、文件夹、保存的搜索结果，甚至可以访问整个硬盘。

（6）文件夹列表：选定文件夹的列表窗口，简称为"右窗"，是显示当前文件夹或库内容的场所。在"左窗"中选定某个磁盘或文件夹，它的全部内容都会出现在"右窗"中。

（7）详细信息栏：显示所选磁盘或文件的详细信息。

（8）"更改视图"按钮：单击后，可以根据需要选择文件及文件夹图标的显示方式，如图 2-8 所示。

图 2-8　更改视图

（9）"帮助"按钮：在"资源管理器"窗口上方"工具栏"的最右侧有一个"帮助"按钮 ⚲，使用计算机的过程中遇到困难时，可以单击"帮助"按钮寻求帮助。

2. 程序窗口

程序窗口是一个正在执行的应用程序面向用户的操作平台，可以通过该窗口对相应的应用程序实施各种可能的操作。如图 2-9 所示。

通过图 2-2 和图 2-9 不难看出，"资源管理器"窗口和程序窗口结构类似，但功能不同，应用程序窗口结构介绍详见"3.1.1　Word 2013 概述"中"Word 2013的工作界面"部分。

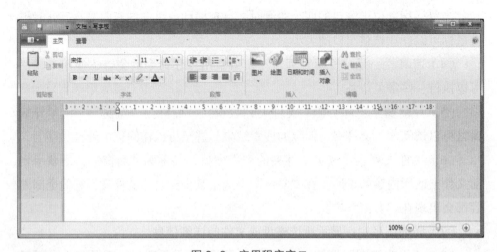

图 2-9　应用程序窗口

3.对话框窗口

对话框窗口是操作系统或应用程序打开的、与用户进行信息交换的子窗口。它的组成元素较多，不同的对话框组成元素差别也较大。现以图 2-10 为例，介绍对话框窗口常用的组成部分。

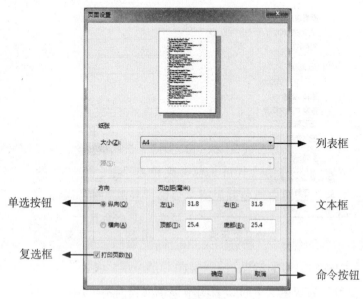

图 2-10　对话框窗口

（1）单选按钮：以两个及以上选择按钮成为一组，操作时只能选择其中的一个选项。

（2）复选框：对多个选择项进行复选操作，只需单击所需要的选择框即可。

（3）文本框：在文本框内单击可以输入文字、数字等信息。

（4）列表框：集成了用户可以选择的信息，单击列表框右侧的三角按钮，在列表信息中单击要选择的项目。

（5）命令按钮：用于对信息的选择、确认、取消等操作。

2.1.3　Windows 7 系统的菜单

1.Windows 7 系统的菜单分类

除了前面提到的"开始"菜单之外，Windows 7 操作系统中还包含快捷菜单和下拉菜单两种类型。

快捷菜单：通常在桌面或某个应用程序内右击鼠标获得。如图 2-11 是在桌面上的空白区域右击弹出的快捷菜单。

下拉菜单：在很多按钮的旁边出现黑色的三角 ▼ 按钮，单击该按钮则会出现下拉菜单，菜单中显示的是该功能中的操作选项，如图 2-12 所示。

图 2-11　快捷菜单示例　　　　图 2-12　下拉菜单示例

2. 菜单中各种符号的意思

（1）菜单项为灰色文字时，表明本菜单项当前不可用。

（2）菜单项后面有 ▶ 符号，表明本菜单项有级联菜单，即下一级菜单。

（3）菜单项后面有 … 符号，表明执行本菜单项后会弹出一个对话框并需要用户输入信息。

（4）菜单项前面有 ✓ 符号，表明该菜单项所代表的状态已经生效。

 拓展知识

正确关闭计算机

有些时候用户并不想真正关闭计算机，而是要重新启动或者注销，只需要在开始菜单中单击"关机"按钮后面的 ▶ 按钮，在级联菜单中选择相应的项目单击即可。如图 2-13 所示。

有些用户习惯于通过切断电源的方式关闭计算机，这是一种非正常的关机方式，对计算

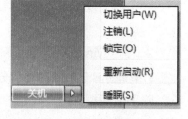

图 2-13　关机按钮的其他选项

机损害很大。因为突然强制性关机，系统的数据及设置都没有保存下来，可能会丢失大量信息，严重的会造成系统文件和硬盘的损坏等。所以应当养成良好的习惯，按照正确的方式关闭计算机。

2.2 Windows 7 系统外观和个性化设置

 学习任务

了解 Windows 7 操作系统屏幕分辨率的设置方式；掌握屏幕保护程序的作用；熟练掌握更改桌面背景的方式和设置屏幕保护程序的方式。

 动手实践

本实践将学习更改计算机的桌面背景和设置屏幕保护程序。

步骤01 在"桌面"的空白处右击鼠标，在弹出的快捷菜单中单击"个性化"命令。如图所示 2-11 所示。

步骤02 在打开的"个性化"设置窗口左下方单击"桌面背景"，如图 2-14 所示。

设置桌面背景　　　　　　　　　　　　　　设置屏幕保护程序

图 2-14 "个性化"设置窗口

步骤 03   打开"桌面背景"设置窗口如图 2-15 所示，在显示的"桌面背景列表"中选择喜欢的图片并单击，桌面背景即可显示出选择的图片。

步骤 04   设置好满意的效果后，单击窗口底部的"保存修改"按钮，完成设置。

图片位置选择   桌面背景列表

图 2-15   "桌面背景"设置窗口

步骤 05   在打开的"个性化"设置窗口右下方单击"屏幕保护程序"，如图 2-14 所示，打开"屏幕保护程序设置"对话框，如图 2-16 所示。

步骤 06   在对话框中单击"屏幕保护程序"列表框的下拉按钮 ▾ ，在下拉列表中选择所需的屏幕保护程序名称，对话框上方的预览区会显示相应的预览效果。

步骤 07   设置等待时间，即多长时间没有操作计算机时出现屏幕保护程序。

步骤 08   设置完毕后单击"应用"按钮，再单击"确定"按钮，关闭对话框。

步骤 09   显示电脑桌面，静候等待时间，体验设置的屏幕保护程序。

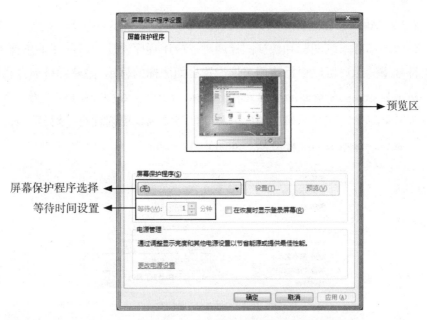

预览区

屏幕保护程序选择

等待时间设置

图 2-16 "屏幕保护程序设置"对话框

 基础知识

2.2.1 设置桌面背景

1. 设置桌面背景图像

用户可以根据喜好设置桌面背景图像,常用方法有两种。

方法一:在桌面空白处右击鼠标,在弹出的快捷菜单中单击"个性化"项,如图 2-11 所示,在"个性化"设置窗口中单击"桌面背景",在打开的"桌面背景"窗口中设置桌面背景图像。

方法二:在开始菜单中找到"控制面板"项单击,打开"控制面板"窗口(详见 2.3 节),查看方式选择"类别",在列表中选择"外观和个性化"中的"更改桌面背景"项,打开"桌面背景"窗口进行设置。有的版本例如"Windows 7 家庭版"的桌面快捷菜单中没有"个性化"项,则可以通过此方法设置桌面背景。

2. 设置屏幕分辨率

屏幕分辨率是指屏幕图像的精密度,即显示器能显示的像素有多少。由于屏幕上的点、线和面都是由像素组成的,显示器可显示的像素越多,画面就越精细,同样的屏幕区域内能显示的信息也越多,所以分辨率是非常重要的性能指标之一。计算机的配置不同支持的分辨率也不同。用户可以在如图 2-11 所示的快捷菜单中单击"屏幕分辨率"打开相应窗口进行设置,也可以通过"控制面板"进行设置。

2.2.2　管理桌面图标

桌面图标有系统图标和快捷图标两种。应用程序快捷图标的左下角有一个箭头符号 。用户可以根据使用习惯设置桌面图标的显示、隐藏和排列方式等。

显示与隐藏：在桌面的空白处右击鼠标，在快捷菜单中单击"查看"命令，选择级联菜单中的"显示桌面图标"命令，当该菜单项前面有"对号"时，桌面图标显示，否则桌面图标隐藏。如图 2-17 所示。

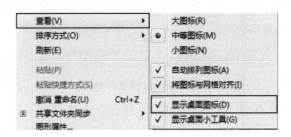

图 2-17　查看桌面图标

设置图标大小：在桌面的空白处右击鼠标，在快捷菜单中单击"查看"命令，级联菜单中有大图标、中等图标和小图标选项，单击即可。如图 2-17 所示。

排列图标：图标的规格有很多，有类型、大小和名称之分，在桌面的空白处右击鼠标，在快捷菜单中单击"排列方式"命令，级联菜单中有名称、大小、项目类型和修改日期选项，单击相应选项即可改变桌面图标的排列方式。

2.2.3　设置屏幕保护程序

屏幕保护程序的主要作用是保护显示屏，延长显示器的使用寿命。通常在一段较短时间内不使用键盘或鼠标操作计算机时，屏幕保护程序可以产生不断运动和变换的图形。建议暂时离开和短时休息时为计算机设置屏幕保护程序。在"个性化"设置窗口中单击"屏幕保护程序"进行相应设置，也可以通过"控制面板"的"外观和个性化"项设置屏幕保护程序。

拓展知识

桌面管理小技巧

1.常用桌面图标不见了怎么办？

在桌面空白处右击鼠标，在弹出的快捷菜单中单击"个性化"命令，如图

2-11 所示，打开"个性化"设置窗口，在窗口左侧列表中单击"更改桌面图标"项，打开"桌面图标设置"对话框，如图 2-18 所示，从中选择需要显示的桌面图标即可。但是不建议在桌面上放置过多图标和文件，一则占用系统盘空间，二则会使桌面显得混乱。

图 2-18   "桌面图标设置"对话框

2. 用自己的照片做电脑桌面

如果想用自己的文件（下载的图片、照片等）作为桌面背景，可以单击如图 2-15 所示"图片位置"列表框右侧的"浏览"按钮，在弹出的"浏览文件夹"对话框中选择相应的文件夹，使其内容显示在列表窗口中，根据需要选择自己喜欢的图片。

2.3   Windows 7 系统基本管理

 学习任务

了解"控制面板"的作用；掌握"控制面板"的使用方法；熟练掌握更改系统日期和时间的方式，多个用户账户设置和管理的方式，安装 / 删除程序的方法，死机及其应对方式。

 动手实践

本实践将创建一个新的用户账户并对其进行管理。

步骤 01　单击"开始"按钮，在"开始"菜单中单击"控制面板"项。

步骤 02　打开"控制面板"窗口，查看方式为"大图标"，从中选择"用户账户"项单击，如图 2-19 所示。

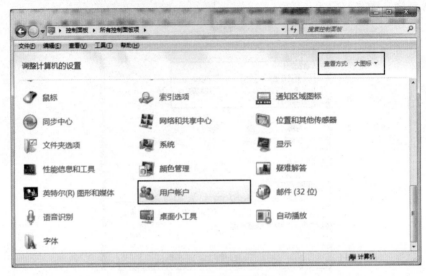

图 2-19　"控制面板"窗口

步骤 03　打开"用户账户"窗口，在列表中单击"管理其他账户"项，如图 2-20 所示。

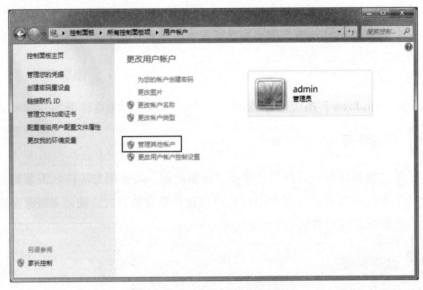

图 2-20　"用户账户"窗口

步骤 04　打开"管理账户"窗口，如图 2-21 所示，单击"Guest"图标可以选择是否启用来宾账户。

图 2-21　"管理账户"窗口

步骤 05　单击如图 2-21"管理账户"窗口中"创建一个新账户"项，打开"创建新账户"窗口，如图 2-22 所示，在该窗口中设置账户名称和权限，设置完毕后单击"创建账户"按钮，完成新账户的创建。

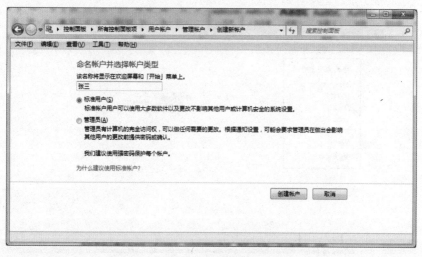

图 2-22　"创建新账户"窗口

步骤06 此时新添加的用户账户"张三"已显示在账户列表中,如图2-23所示。

图2-23 "管理账户"窗口

步骤07 单击"张三"账户图标,打开对"张三"账户的"更改账户"窗口,如图2-24所示,主要操作有更改账户名称、创建密码、更改图片、更改账户类型、删除账户等。

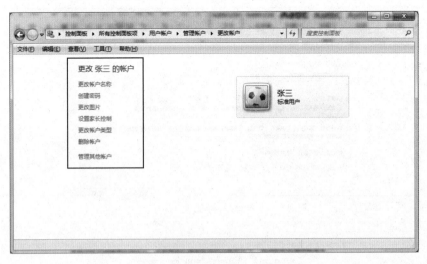

图2-24 "更改账户"窗口

 **基础知识**

2.3.1 认识控制面板

"控制面板"是调整计算机系统硬件设置和配置系统软件环境的系统工具，在"控制面板"中可以对计算机硬件设备、外观、用户账户、时钟、语言等软硬件设备的工作环境和配套的工作参数进行设置和修改，也可以卸载或更改程序。"控制面板"窗口如图 2-19 所示，如果查看方式选择"类别"，则界面如图 2-25 所示，用户在使用的过程中，可以根据个人习惯选择不同的查看方式。不同 Windows 7 版本"控制面板"中的项目略有差别。

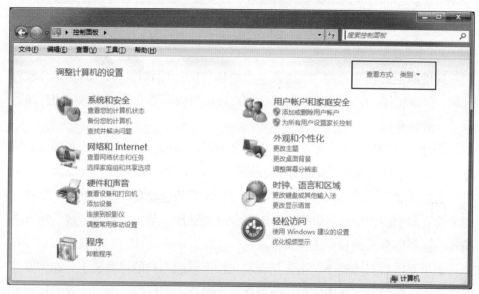

图 2-25　"控制面板"的不同显示方式

2.3.2 设置系统日期和时间

打开控制面板窗口，在"大图标"查看方式下，单击"日期和时间"选项，打开"日期和时间"对话框，如图 2-26 所示。

单击"更改日期和时间 ..."按钮，弹出"日期和时间设置"对话框，如图 2-27 所示。在日期选项区中设置日期，在时间选项区中设置时、分钟、秒。

设置完毕后依次单击两个对话框的"确定"按钮，完成系统日期和时间的设置。

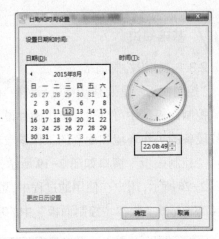

图 2-26　日期和时间 　　　　　　图 2-27　日期和时间设置

2.3.3　安装 / 删除程序

这里所说的程序是指 Windows 7 系统以外的应用软件，如 office 办公软件套装、压缩软件、QQ、杀毒软件等，用户可以根据需要安装或删除应用程序。

1. 安装程序

通过光盘安装：如果购买了应用程序的安装光盘，只需要把光盘插入计算机的光驱中，按照屏幕上的提示进行操作，即可安装程序。

通过互联网安装：大部分情况下应用程序安装包都是在互联网站上获得，如果要立即安装程序，可以打开指向新程序的链接，单击"打开"或"运行"按钮，按照屏幕上的指示进行操作。

如果要以后安装程序，则先把安装文件下载到用户的计算机上，在需要的时候双击下载的安装程序文件，按照屏幕上的指示进行操作即可。这是比较安全也是比较常用的方法，但是要注意，通过互联网安装应用程序时，一定要选择值得信任的网站获得安装程序，保证安全性。

2. 删除程序

在"开始"菜单中单击"控制面板"项，打开"控制面板"窗口，查看方式为"大图标"，从中选择"程序和功能"项单击。打开如图 2-28 所示的窗口，在程序列表中单击要删除的程序名称，再单击"卸载 / 更改"按钮。弹出"卸载程序确认"对话框，如图 2-29 所示。单击"是"按钮，可以卸载程序，单击"否"按钮放弃操作。

卸载程序之前必须先关闭程序，因为正在运行的应用程序是不能被卸载

图 2-28　"程序和功能"设置窗口

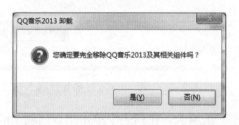

图 2-29　"卸载程序确认"对话框

的。同时许多软件在安装时都有自动卸载功能，在"开始"菜单中找到该软件的卸载程序单击就可以卸载。如果机器上安装了 360 软件管家或者 QQ 电脑管家等应用程序，也可以使用它们管理计算机上的软件。

2.3.4　添加用户账户

在公共办公场所，多人使用同一台计算机的情况经常发生，通过添加用户账户的方式，即使多人共用一台电脑也不会相互影响。

可以在"控制面板"窗口的"用户账户"项中设置多个用户并对其进行管理，包括创建密码、更改账户图片等。

启动计算机后，界面上会显示所有的用户账户，不同用户可登录各自的账户，如果用户设置了密码，可以更好地保护自己的账户不被他人使用。

2.3.5 死机及其对策

死机是指计算机系统在工作过程中出现的鼠标停滞、键盘不能输入命令等情况，此时系统已经不能接受任何命令，也就是通常所说的没有反应了。造成死机的原因有很多，如同时运行了太多应用程序、程序的使用方法不正确、计算机硬件损坏等。应对死机有如下几种方法。

方法一：使用任务管理器

同时按下键盘上的"Ctrl + Alt + Del"键，在显示的列表中单击"启动任务管理器"选项，弹出"Windows 任务管理器"窗口，如图 2-30 所示。

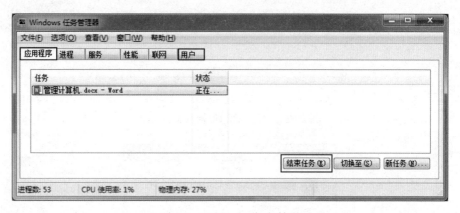

图 2-30　Windows 任务管理器

单击"应用程序"选项卡，在列表中单击出现问题未响应的程序，再单击"结束任务"按钮，所选程序立即结束运行。或者，在图 2-30 中切换到"用户"选项卡，选择当前活动的用户，单击"注销"命令，注销该用户。

方法二：在第一种方式失败时，即键盘也不能输入任何命令的情况下，可以按下主机箱上的 Reset 键，几秒钟后计算机将重新启动。

方法三：如果主机箱或笔记本上没有 Reset 键，或者上述两种办法都不能使计算机重新恢复工作，则可以直接按住电源开关，关闭计算机。稍候一会儿，再次按下电源开关重新启动计算机，这是一种近乎万能的方式。

 拓展知识

添加打印机

打印机是一种常用输出设备。常见型号的打印机连接计算机后，Windows 7

系统会自动识别并安装驱动程序。否则需要手动在计算机上添加打印机才能正常使用。下面介绍添加打印机的方式。

在"开始"菜单中单击"控制面板"项，打开"控制面板"窗口，查看方式为"大图标"，从中选择"设备和打印机"项单击，打开如图 2-31 所示的"设备和打印机"窗口。

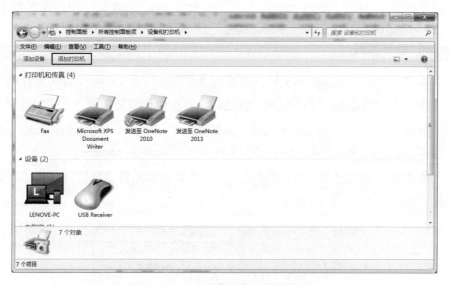

图 2-31　"设备和打印机"窗口

单击图 2-31 中的"添加打印机"按钮，在弹出的如图 2-32 所示窗口中，选择要安装的打印机类型，然后按照系统提示安装即可。

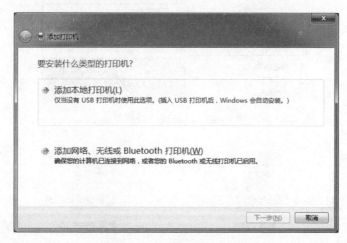

图 2-32　"添加打印机"窗口

2.4 文件及文件夹操作

 学习任务

了解本地磁盘分区的方法；掌握磁盘分区的作用；熟练掌握文件（夹）的新建、重命名、移动、复制、删除、显示、隐藏等操作，并掌握文件搜索的方式。

动手实践

本实践将新建文件夹和文件，将其重命名，并实现文件和文件夹的移动。

步骤 01 在桌面上右击鼠标，将鼠标指针指向快捷菜单的"新建"命令，在"新建"命令的级联菜单中选择"文件夹"项，如图 2-33 所示。新建一个文件夹，系统自动将其命名为"新建文件夹"，如图 2-34 所示。

步骤 02 重复步骤 01，新建第二个文件夹，系统自动将其命名为"新建文件夹（2）"，如图 2-35 所示。

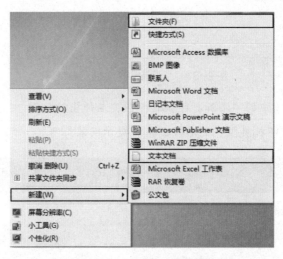

图 2-33 "新建"级联菜单

图 2-34 新建文件夹图标　　图 2-35 新建文件夹 2

步骤 03 右击"新建文件夹"图标，在弹出的如图 2-36 所示快捷菜单中单击"重命名"项，当文件夹的名称高亮显示时，如图 2-37 所示，输入要更改的名称"行政村"。

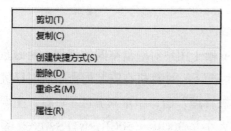

图 2-36 文件夹右击快捷菜单

图 2-37 重命名文件夹

步骤 04 重复步骤 03，将"新建文件夹（2）"重命名为"第一组"。

步骤 05 双击"第一组"文件夹，将其打开，在右窗的空白处右击，将鼠标指针指向快捷菜单的"新建"命令，在级联菜单中单击"文本文档"项，新建一个文本文档，将其命名为"文件 1"。

步骤 06 单击"资源管理器"右上角的关闭按钮 ✕，关闭"第一组"文件夹。

步骤 07 右击命名为"第一组"的文件夹，单击如图 2-36 所示快捷菜单中的"剪切"命令。

步骤 08 双击打开命名为"行政村"的文件夹，在右窗的空白处右击，单击如图 2-38 所示快捷菜单中的"粘贴"命令。这样就把"第一组"文件夹"移动"到了"行政村"文件夹中，形成了包含关系。

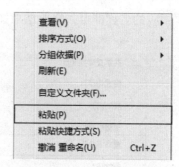

图 2-38 快捷菜单的粘贴命令

步骤 09 单击"资源管理器"窗口的"后退"按钮 ◄ 和"前进"按钮 ►，观察文件夹和文件之间的关系。

步骤 10 单击"资源管理器"窗口右上角的"关闭"按钮 ✕，此时桌面上只显示"行政村"文件夹。

 基础知识

前面把计算机的硬、软件系统比作一座酒店大楼及其管理系统，那计算机的磁盘分区也就是计算机的存储系统如"本地磁盘（C：）""本地磁盘（D：）"

等，就相当于酒店大楼的楼层，文件夹相当于酒店的房间，而文件则是住在房间里的顾客或房间里陈列的物品，文件可以有多种不同的类型。

2.4.1 合理利用计算机磁盘

1.磁盘分区

计算机文件管理得井井有条，依赖于用户对磁盘空间的规划，对磁盘进行分区是一种有效的管理方式。通常情况下，计算机在安装操作系统时已经建立好磁盘分区，后期也可以在"计算机管理"窗口中重新分区。C 盘，主要安装系统和常用应用程序，建议分区的大小是 30GB ～ 50GB，NTFS 格式。系统需要把一些临时文件暂时存放在 C 盘进行处理，所以 C 盘一定要保持一定的闲置空间。除 C 盘之外，用户可以根据自己的需要，把磁盘进行更细地分区。计算机桌面上文件的实际存放位置就是系统盘（C 盘），太多的桌面文件会导致计算机运行速度变慢，建议将文件分类存放在其他磁盘中。

2.磁盘重命名

划分好的磁盘空间通常情况下以"本地磁盘（C：）""本地磁盘（D：）"等命名。磁盘名称是可以更改的，只需要在本地磁盘图标上右击，在弹出的快捷菜单中单击"重命名"项，如图 2-39 所示。当磁盘名称高亮显示时，输入相应的名称即可，修改结果如图 2-40 所示。

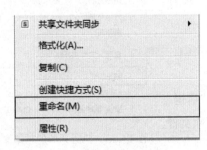

图 2-39　本地磁盘的右键快捷菜单

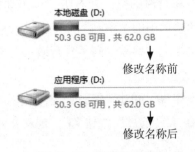

图 2-40　修改磁盘名称

2.4.2 操作文件（夹）

文件夹可以创建在桌面上，也可以创建在磁盘中。一般情况下，建议在磁盘中创建文件夹，在文件夹中存储文件。鉴于每台计算机磁盘分区的名称不同，下面以在桌面上操作为例。

1. 新建文件（夹）

在桌面上右击，将鼠标指针移动至弹出快捷菜单的"新建"项，在弹出的级联菜单中选择"文件夹"或其他类型的文件，如图 2-33 所示。新建的文件夹自动命名为"新建文件夹"，新建的文件因选择的类型不同而名称不同，如新建的文本文档自动命名为"新建文本文档 .txt"，新建 word 文档自动命名为"新建 Microsoft Word 文档 .docx"。文件夹或文件名称处于高亮状态时可以修改。

在磁盘中新建文件（夹）的方式与在桌面上新建相同。

不管是文件还是文件夹，都可以通过在文件（夹）图标上双击鼠标左键的方式打开，也可以在文件（夹）图标上右击，在弹出的快捷菜单中单击"打开"项将其打开。

2. 重命名文件（夹）

创建好的文件和文件夹可以更改名称，以便于用户查找和识别。右击文件或文件夹，在弹出的快捷菜单中单击"重命名"项，如图 2-36 所示。选定的文件或文件夹名称被高亮显示，如图 2-37 所示，此时可以直接输入新的文件或文件夹名称。

3. 选择文件（夹）

选择单个文件或文件夹：直接单击文件图标或文件夹图标即可选择文件或文件夹。

选择多个不连续的文件或文件夹：先单击第一个文件或文件夹图标，按下键盘上的 Ctrl 键，依次单击其他需要选择的文件或文件夹。

选择多个连续的文件或文件夹：先单击第一个文件或文件夹图标，按下键盘上的 Shift 键，再单击要选择的最后一个文件或文件夹图标。

4. 复制文件（夹）

选择要复制的文件或文件夹右击，在弹出的快捷菜单中单击"复制"项，如图 2-36 所示；双击打开目标文件夹，在目标文件夹"右窗"的空白处右击，在弹出的快捷菜单中单击"粘贴"项，如图 2-38 所示，复制操作就完成了。复制操作并不影响原文件（夹），只是制作了原文件（夹）的副本。

5. 移动文件（夹）

选择要移动的文件或文件夹右击，在弹出的快捷菜单中单击"剪切"项，如图 2-36 所示。双击打开目标文件夹，在目标文件夹"右窗"的空白处右击，在弹出的快捷菜单中单击"粘贴"项，如图 2-38 所示，此时原文件夹被移动到目标文件夹下。

6. 删除和还原文件（夹）

删除不需要的文件或文件夹可以释放磁盘空间。

（1）逻辑删除。选择要删除的文件或文件夹，右击选定的文件或文件夹，在弹出的快捷菜单中选择"删除"项，如图 2-36 所示，会打开"删除文件（夹）"对话框，如图 2-41 所示。

图 2-41　"删除文件夹"对话框

单击"是"按钮，选择的文件或文件夹即被删除，存放在"回收站"中。

从当前操作来看，选择的文件或文件夹确实不存在了，实际是放在了"回收站"中，被删除的文件或文件夹还能恢复，这种删除叫做逻辑删除。如果错误地删除了有用的文件或文件夹，可以在桌面上双击"回收站"图标，打开"回收站"，在误删除的文件（夹）图标上右击，在弹出的快捷菜单中单击"还原"项，如图 2-42 所示，就可以把文件（夹）还原到原来的存放位置。

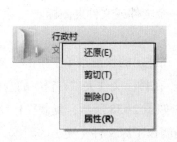

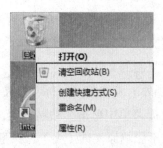

图 2-42　还原已删除文件夹　　　图 2-43　清空回收站

（2）物理删除。如果要把"回收站"中存放的文件彻底删除，可以在桌面上右击"回收站"图标，在弹出的快捷菜单中单击"清空回收站"项，如图

2-43 所示。也可以在删除文件（夹）的时候按下键盘上的 Shift 键，则可以永久的删除文件（夹），而不存放在"回收站"中。这种删除方式叫做物理删除。它能真正的释放磁盘空间，被删除的文件或文件夹不可恢复。

2.4.3 显示和隐藏文件（夹）

用户的重要文件（夹）不想被人发现，可以隐藏起来，方法如下。

选择要隐藏的文件夹，如"动手实践"中创建的"行政村"文件夹，右击，在弹出的快捷菜单中单击"属性"项，打开"文件夹属性"对话框，如图 2-44 所示。

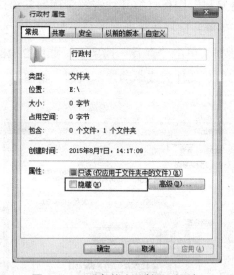

图 2-44   "文件夹属性"对话框

切换到"常规"选项卡，选择"隐藏"复选框，单击"应用"按钮，会出现如图 2-45 所示的对话框，单击"确定"按钮关闭对话框。此时"行政村"

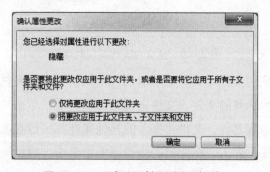

图 2-45   "确认属性更改"对话框

文件夹被设置为隐藏，但仍然处于显示状态，如图 2-46 所示，设置为隐藏的文件夹图标呈虚化显示。

图 2-46　隐藏文件夹图标对比

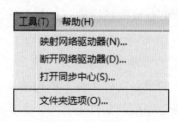

图 2-47　资源管理器的工具菜单

双击桌面的"计算机"图标，打开"资源管理器"窗口，单击"资源管理器"窗口的"工具"菜单并选择"文件夹选项 ..."，如图 2-47 所示。打开"文件夹选项"设置对话框，单击"查看"选项卡，如图 2-48 所示。在列表中选中"不显示隐藏的文件、文件夹或驱动器"按钮，再单击"确定"按钮，此时"行政村"文件夹不可见。

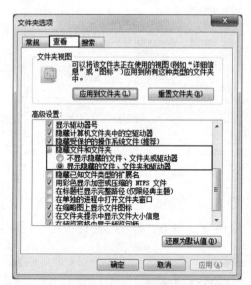

图 2-48　"文件夹选项"对话框

如果想把隐藏的文件（夹）显示出来，则回到"文件夹选项"对话框，在列表中选中"显示隐藏的文件、文件夹或驱动器"项，单击"确定"按钮。

除了显示和隐藏之外，文件（夹）的其他属性都可以在属性对话框中查看或设置。右击文件（夹），在弹出的快捷菜单中单击"属性"项，打开"文件夹属性"设置对话框，执行相应操作，如图 2-44 所示。

2.4.4 搜索文件

当用户忘记文件的存储位置时，可以使用 Windows 的搜索功能。

1. 使用"开始"菜单搜索

在"开始"菜单底部的"搜索程序和文件"文本框中输入待查找的文件名，如图 2-49 所示。系统会自动查找满足条件的文件，并将其显示出来。

图 2-49 "开始"菜单的搜索项

2. 使用"资源管理器"搜索

在桌面上双击"计算机"图标，打开"资源管理器"窗口；单击"导航窗格"中要查找的文件所在的文件夹或磁盘符号，或者单击计算机图标选定整个计算机，在窗口右上角的"搜索栏"中输入待查找的文件名称，如图 2-50 所示。系统会自动查找满足条件的文件，并将其显示在"文件夹列表"中。

图 2-50 "资源管理器"的搜索框

 拓展知识

文件（夹）操作小技巧

1. 什么样的文件名称不合法？

文件名称和人的名字一样，不是所有的名称都能被系统识别，Windows 7 规定，文件名中不允许出现 \ / ：* ？< > " | 这些符号。并且，文件的名字有两部分组成，即文件名和扩展名，扩展名表示文件的类型，位于文件名之后，与文件名之间用"."隔开。如"工作总结 .docx"文件，表示 Word 2013 程序自动创建的文档。在重命名文件时，切不可删除文件的后缀名。有些情况下文件的扩展名不显示，可以在如图 2-48 所示的列表中取消对"隐藏已知文件类型的扩展名"选项的选择，重新显示文件的扩展名。

2. 怎么找到忘记名字的文件?

有些时候,用户只记得文件名的一部分,甚至只记得文件内容中包含的几处字符,此时可以使用"通配符"快速的查找目标文件。

在计算机中使用的通配符有两个,一个是"?",一个是"*",它们可以代替任何字符。"*"可以代替一个串字符,"?"可以代替一个字符。

例如,输入"* 总结 *.docx",就可以把文件名中包含"总结",扩展名为".docx"的所有文件找出来;输入"?? 总结 .docx",则可以把以"总结"两字为结尾,文件名仅有四个字符组成的,扩展名为".docx"的文件查找出来。

但是要注意一点,通配符必须是英文字符,而不能是中文的标点。

3. 文件(夹)操作常用快捷键

复制: Ctrl + C,同时按下键盘上的 Ctrl 和 C 键。

剪切: Ctrl + X,同时按下键盘上的 Ctrl 和 X 键。

粘贴: Ctrl + V,同时按下键盘上的 Ctrl 和 V 键。

删除: Delete,选中文件(夹)后,按下键盘上的 Delete 键。

2.5 常见多媒体工具的使用

学习任务

了解常见音视频文件格式;掌握 Windows 音频工具和"Windows Media Player"的使用方法;熟练掌握使用 WinRAR 压缩与解压缩文件的操作方法。

动手实践

本实践将使用系统自带的录音机录制一段音频,并使用 Windows 媒体播放器播放录制的音频。

步骤01 将音频输入设备,如麦克风连接到计算机的正确插口上。

步骤02 打开"开始"菜单,单击"所有程序"项,在列表中单击"附件",找到"录音机"命令,单击打开"录音机"程序窗口。如图 2-51 所示。

图 2-51 "录音机"程序界面

步骤 03　单击如图 2-51 所示中"开始录制"按钮，使用麦克风录制声音，此时"开始录制"按钮转换为"停止录制"按钮。

步骤 04　录音结束时，单击"停止录制"按钮，打开"另存为"对话框，输入音频文件名称"我的第一段音频"，指定存储位置为"桌面"，单击"保存"按钮，保存音频文件。

步骤 05　单击"开始"按钮，在"所有程序"列表中选择"Windows Media Player"命令单击，打开"Windows Media Player"窗口，如图 2-52 所示。

图 2-52　"Windows Media Player"界面

步骤 06　单击如图 2-52 所示界面中的"文件"菜单，选择"打开"项，在对话框中查找存储在桌面上的"我的第一段音频"文件，双击播放选择的音频。

步骤 07　单击右上角的"关闭"按钮，关闭播放器。

 基础知识

2.5.1　常见音 / 视频文件及其播放

1. 常见音 / 视频文件格式

常见的音频文件格式有 WAV、MP3、MIDI、RAM、AIFF、WMA、AU 等。

常见的视频文件格式有 AVI、MOV、MP4、MPEG、3GP、RMVB、WMV 等。

2. Windows 7 音频工具

Windows 7 系统自带了"录音机"应用程序，主要用于录音生成 WMA 格式的音频文件。打开"开始"菜单，选择"所有程序"，单击"附件"中的"录音机"命令即可打开录音机窗口。

除了 WMA 格式以外，WAV、MP3、MIDI 等也都是常用的音频文件格式，可以使用 Windows 7 自带的媒体播放器打开。

3. Windows 7 媒体播放器

Windows 7 系统附带的媒体播放器"Windows Media Player"是一种通用的音 / 视频播放程序。它能播放大部分音 / 视频格式，如 MP3、MIDI、WAV、MPEG、AVI 等，还可以在互联网上直接收听或收看电台广播和直播节目。媒体播放器可以在互联网的相关网站上升级或更新版本。

打开"媒体播放器"的方法是在"开始"菜单中选择"所有程序"列表中的"Windows Media Player"命令，打开"媒体播放器"窗口，如果图 2-52 所示。如果窗口中没有显示菜单栏，可以右击窗口右下角的"切换"按钮，在弹出的快捷菜单中单击"显示菜单栏"项，调出菜单栏。

2.5.2　文件的压缩与解压缩

1. 压缩与解压缩

文件压缩是把一个大的文件变小的过程。通常包含音频或视频数据的文件占用存储空间非常大，对这些数据按照一定的规则重新编码，以减少存储空间的过程就叫做压缩。压缩数据还原的过程称为解压缩。文本类文件的压缩效果可以达到原始大小的 70% 左右，而图形、图像类文件的压缩效果相对较差。用户在压缩的过程中可以选择对压缩文件进行加密设置，在解压文件时必须输入正确的密码才能进行解压缩操作。

2. 常用压缩工具 WinRAR

WinRAR 是一个常用的压缩与解压缩工具，支持 RAR 和 ZIP 等诸多格式的压缩文件，还支持多种非 RAR 压缩文件的管理。

（1）使用 WinRAR 压缩文件，常用方法有两种。

方法一：在应用程序窗口中压缩文件

打开"开始"菜单，单击"所有程序"找到列表中的"WinRAR"，单击"WinRAR"项打开应用程序，界面如图 2-53 所示。

图 2-53 "WinRAR"程序界面

单击应用程序"工具栏"中的"向导"按钮，弹出"选择操作"对话框，如图 2-54 所示。

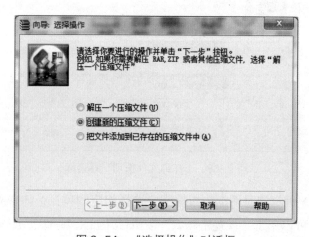

图 2-54 "选择操作"对话框

选择"创建新的压缩文件"项，单击"下一步"按钮，打开"选择要添加的文件"对话框，在对话框中找到桌面上的"行政村"文件夹（2.4 动手实践中创建的），本步骤也可以选择多个文件或文件夹。单击"确定"，打开"选择压缩文件"对话框，如图 2-55 所示。

在如图 2-55 所示的对话框中，可以在"压缩文件名"文本框中输入压缩后拟用的文件名称，单击"浏览"按钮选择压缩文件的存放位置，此处都使用默认设置，单击"下一步"。弹出如图2-56所示的对话框。

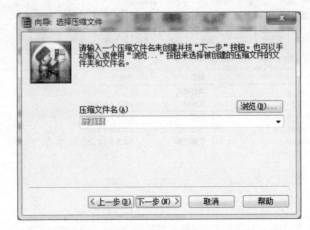

图2-55   "选择压缩文件"对话框

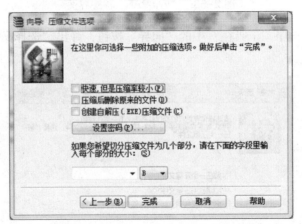

图2-56   "压缩文件选项"对话框

在图2-56所示的对话框中根据需要选择相应的项目，如果需要给压缩文件设置密码，可以单击"设置密码..."按钮打开如图2-57所示的"输入密码"对话框，根据提示进行设置，单击"完成"即可完成压缩文件操作，压缩文件如图2-58左图所示。

除此之外，单击如图2-53中工具栏上的"添加"按钮，根据提示也可以创建压缩文件。

方法二：使用右键快捷菜单压缩

选择需要压缩的文件或文件夹右击，根据需要在弹出的快捷菜单中选择相应的压缩命令，如图2-59所示。

行政村.rar 行政村

图 2-58 压缩文件图标

图 2-57 "输入密码"对话框

图 2-59 压缩文件快捷菜单

（2）解压缩。双击压缩文件，打开 WinRAR 窗口，单击工具栏上的"解压到"按钮，如图 2-53 所示，会弹出"解压路径和选项"对话框，默认情况下系统会以压缩文件名为名称，在当前路径下创建一个新的文件夹，可以在右侧目录中选择要存放的位置，设置完成后单击"确定"按钮完成解压缩操作。也可以右击要解压缩的文件，在弹出的快捷菜单中选择相应的解压缩命令，单击完成解压缩。如图 2-60 所示。

图 2-60 解压缩文件快捷菜单

 拓展知识

常用多媒体工具

1.常见的音 / 视频播放工具

随着多媒体技术的更新换代，新的音 / 视频播放工具也在不断发展变化。

常用的音频播放软件有：Kmplayer、酷狗音乐、QQ 音乐播放器、酷我音乐盒等。常用的视频播放软件有：暴风影音、Realplayer、迅雷看看播放器、百度影音等。如图 2-61 所示。

2.常见的其他压缩工具

除了上面提到的 WinRAR 之外，市面上还有很多其他的压缩与解压缩工具，如 WinZip、好压、7-zip（7z 解压软件）、快压等，如图 2-62 所示。

Kmplayer　　　酷狗音乐　　　QQ 音乐播放器　　　酷我音乐盒

暴风影音　　　Realplayer　　　迅雷看看　　　百度影音

图 2-61　常见的音 / 视频播放工具

WinZip　　　好压　　　7-zip　　　快压

图 2-62　常见的压缩工具

本章小结

　　Windows 7 操作系统是目前市面上比较流行的操作系统之一。本章首先对操作系统的作用及 Windows 操作系统的发展进行了简要的介绍，然后通过案例的方式介绍了 Windows 7 操作系统的桌面组成、个性化桌面的设置方式、控制面板的使用方式、文件夹的基本操作、常见多媒体工具使用等知识。在每个案例之后都有详细的基础知识点讲解。通过本章的学习，能够对 Windows 7 操作系统有一个全面的认识，掌握使用 Windows 7 操作系统管理计算机的方式。

 课后练习

　　1. 如何启动和关闭 Windows 7 系统？

　　2. 什么是 Windows 7 系统的桌面？由哪几部分组成？

　　3. Windows 7 系统的窗口有哪几种？

　　4. 什么是对话框？对话框内的常见组成成分有哪些？

　　5. 任务栏由哪几部分组成？主要作用是什么？

　　6. 资源管理器窗口由哪些部分组成？

　　7. 如何设置桌面背景？

8. 控制面板有哪些管理功能？

9. 怎样使用控制面板删除程序？

10. 如何设置多用户账户？

11. 怎样设置文件夹的显示 / 隐藏属性？

12. 如何压缩与解压缩文件？

第 3 章　文字处理软件 Word 2013 的使用

 学习目标

　　了解：Word 2013 的文件类型与工作界面；分隔符的类型；Word 2013 中可以插入的对象类型及各自的特点；Word 电子小报的排版。

　　掌握：不同分隔符的使用方法；边框与底纹；文档输出；文本框、艺术字、SmartArt、屏幕截图的插入与编辑。

　　熟练掌握：Word 2013 文档的基本操作；页面设置；文字、段落的编辑；项目符号和编号、查找与替换、页眉页脚和页码的设置；插入表格和表格的格式化；图片、图形的插入与编辑。

　　Microsoft Office 2013 是微软公司开发的办公软件套装，是继 Microsoft Office 2010 后的新一代产品，之前版本还有 Office 2003、Office 2007 等。Word 2013 是 Office 2013 办公软件套装中的一个重要组件，主要用于文字处理。此外，Office 2013 的常用组件还包括 Excel 2013、PowerPoint 2013 等，其中，Excel 2013 主要用于电子表格处理，PowerPoint 2013 主要用于演示文稿和幻灯片的制作与放映。

3.1　初识 Word 2013

 学习任务

　　了解 Word 2013 的文件类型与工作界面；熟练掌握 Word 2013 文档的基本操作方法，包括文档的新建、保存、打开、加密与关闭等。

 动手实践

　　启动 Word 2013，创建 Word 文档；观察 Word 2013 的工作界面；在 Word

工作区中输入文字，保存文档，并退出 Word 2013 应用程序。

步骤 01 打开"开始"菜单，依次单击"所有程序""Microsoft Office 2013""Word 2013"，如图 3-1 所示。

图 3-1 启动 Word 2013 应用程序

步骤 02 启动 Word 2013 后，打开如图 3-2 所示窗口。单击"空白文档"按钮，新建一个名为"文档 1"的空白文档。观察 Word 2013 的工作界面。

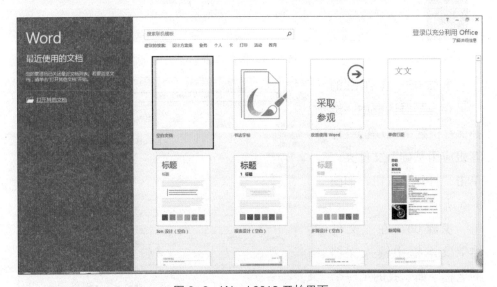

图 3-2 Word 2013 开始界面

步骤 03 在光标闪烁的位置输入文字"这是我的第一个 Word 文档"，如图 3-3 所示。

步骤 04 单击【文件】选项卡，并依次单击"保存""计算机""浏览"按钮，如图 3-4 所示。

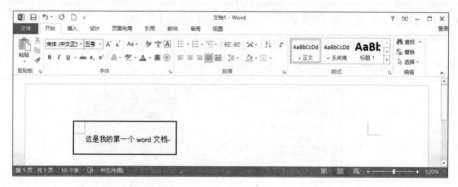

图 3-3　输入文字

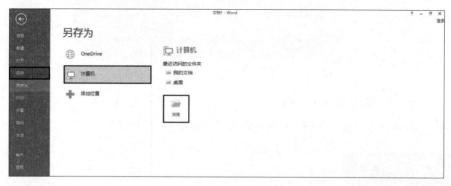

图 3-4　保存文档

步骤 05　在弹出的"另存为"对话框中，选择保存位置，如 D 盘下"计算机应用基础"文件夹，单击"打开"按钮，如图 3-5 所示。

步骤 06　在"文件名"文本框中输入文档的名称，如"我的第一个 Word 文档"。

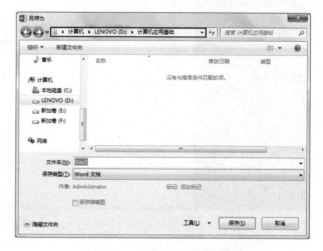

图 3-5　设置文档的保存位置

步骤 07　在"保存类型"下拉列表中选择一种文件类型。Word 2013 默认的文件保存类型为"Word 文档"。

步骤 08　单击"保存"按钮，完成文档的保存。

步骤 09　单击"关闭"按钮 ✕，退出 Word 2013 应用程序。

基础知识

3.1.1 Word 2013 概述

Word 2013 文字处理软件是运行在 Windows 7 或更高版本 Windows 操作系统中 Microsoft Office 2013 的核心组件之一。通过 Word 2013，不仅可以创建、编辑多种类型的文档文件，如计划、书信、文章等，而且可以通过在文档中加入图形、图片、表格等，让文档图文并茂，更具表现力。一般情况下，Word 2013 可以通过 Office 2013 安装程序同 Office 2013 其他组件一起全新或升级安装。安装成功后，在"开始"菜单的"所有程序"中会增加一个"Microsoft Office 2013"菜单项，单击"Microsoft Office 2013"子菜单中的"Word 2013"即可启动应用程序。

1. 文件类型

Word 2013 的文档以文件形式存放于磁盘中，其文件扩展名为 .docx。除了 .docx 文件，Word 2013 还允许将文件保存为低版本 Word 文件（.doc）、Word 模板文件、纯文本、PDF、RTF 等多种格式的文件。

2. Word 2013 的工作界面

Word 2013 的工作界面包括标题栏、快速访问工具栏、选项卡、功能区、工作区、滚动条、状态栏等，如图 3-6 所示。

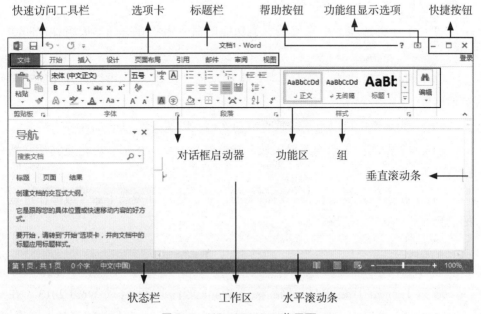

图 3-6 Word 2013 工作界面

（1）标题栏：位于窗口顶端。标题栏上显示当前文档的名字（文档1）和正在使用的应用程序名称（Word）。

（2）快速访问工具栏：提供了常用命令的快速访问，如保存、撤销键入、重复键入等。

（3）帮助按钮：Word 2013提供了方便的联机和联网帮助。单击此按钮，可以打开"Word帮助"窗口。

（4）功能组显示选项：单击此按钮，在展开的下拉列表中可以选择功能组的显示方式。

（5）快捷按钮：快捷按钮包括"最小化""最大化/还原""关闭"三个按钮。

"最小化"按钮 ▬ ：单击此按钮将最小化程序窗口。

"最大化/还原"按钮：单击"最大化"按钮 ▫ 将使程序窗口最大化，以填满整个屏幕。如果窗口已经最大化，单击"还原"按钮 ▱ 将恢复程序窗口，使其不再填满屏幕。

"关闭"按钮 ✕ ：单击此按钮将关闭应用程序。

（6）选项卡：位于标题栏的下方，单击不同的选项卡，可以得到不同的操作设置选项。

（7）功能区：用来显示不同选项卡中包含的操作命令组，便于用户快速找到完成某一任务所需的命令。

（8）组：将选项卡中完成某一类功能的命令组织在一起形成组，也叫功能组。

（9）对话框启动器：单击"对话框启动器"按钮 ▫ ，可以打开相应的设置对话框。

（10）滚动条：可以水平或垂直滚动文档，以便查看。

（11）工作区：文档的编辑区域，能够编辑文字、图形、表格及其他文档信息。

（12）状态栏：显示有关当前活动的信息，提供有关选中命令或操作进程的信息。

3.1.2　Word文档的基本操作

通过【开始】菜单或直接双击Word文件均可启动Word 2013。在Word 2013中，可以完成Word文档的新建、保存、打开、加密与关闭等基本操作。

1. Word 文档的新建

（1）新建空白文档。启动 Word 2013 后，在打开的 Word 开始界面中单击"空白文档"按钮，即可新建一个空白文档，默认的新建文档名称为"文档 1"。

（2）使用模板新建文档。在 Word 2013 中，有许多预先定义好的模板，如书法字帖、简历、各种传单等，用户可以直接使用这些模板新建文档，方法如下。

首先，启动 Word 2013，在如图 3-2 所示的 Word 开始界面中选择一种模板，如简历模板。

其次，在弹出的如图 3-7 所示对话框中，单击"创建"按钮，新建简历模板文档，如图 3-8 所示。

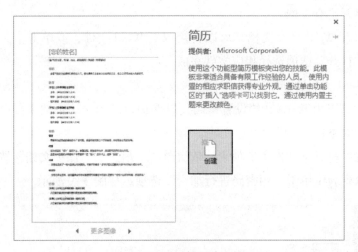

图 3-7　用模板创建文档

图 3-8　简历模板文档

最后，在文档中修改文档内容即可。

2. Word 文档的保存

文档的保存就是将当前正在编辑的内容写入文档文件。用户在进行文档编辑时，要随时保存文档，以防信息丢失。

（1）新文档的保存。在【文件】选项卡中，单击"保存"或"另存为"按钮，通过在"另存为"对话框中设置文件的保存位置、名称、保存类型，完成新文档的保存。如果不在"文件名"文本框中输入文档名称，Word 则会以文档开头的第一句话作为文件名。

（2）已存在文档的保存。已存在文档的保存通常是对原有文档内容的覆盖，单击【文件】选项卡中的"保存"按钮即可。若对已存在文档进行"另存为"操作，则可以将当前文档重新保存到新的指定位置。

3. 打开已有文档

要打开 Word 已有文档，可以直接双击 Word 文件，或单击【文件】选项卡中的"打开"选项选择相应文件完成。

4. Word 文档的加密

用户可以为 Word 文档设置密码，以保护自己的文档不被未授权者查阅，操作步骤如下：

首先，打开【文件】选项卡，依次单击"信息""保护文档"按钮，在展开的下拉列表中单击"用密码进行加密"选项，如图 3-9 所示。

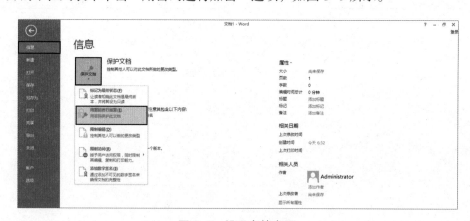

图 3-9　设置文档密码

其次，在弹出的"加密文档"对话框中，输入密码，并单击"确定"按钮，如图 3-10 所示。

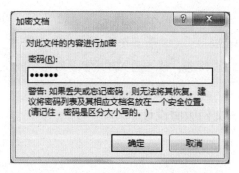

图 3-10　"加密文档"对话框

最后，在弹出的"确认密码"对话框中再次输入密码，并单击"确定"按钮。

Word 文档被设置密码后，打开文档时，会出现如图 3-11 所示的"密码"对话框。用户只有输入正确的密码并单击"确定"按钮，才能打开文档。

图 3-11　输入密码

5. Word 文档的关闭

可以通过单击窗口右上方的"关闭"按钮 × 或【文件】选项卡中的"关闭"选项关闭 Word 文档。

 拓展知识

文字处理软件 WPS

除了微软公司的 Word 之外，国内也有不少功能齐全、操作方便的文字处理软件，如金山公司的 WPS。

WPS Office 是由金山软件股份有限公司自主研发的一款办公软件套装，支持桌面和移动办公，可以实现办公软件最常用的文字、表格、演示等多种功能，具有内存占用低、运行速度快、体积小巧、强大插件平台支持、免费提供海量在线存储空间及文档模板、支持阅读和输出 PDF 文件、全面兼容微软 Office

文件格式（doc/docx/xls/xlsx/ppt/pptx 等）等独特优势。WPS Office 全面覆盖 Windows、Linux、Android、iOS 等多个平台。

如需获得更多 WPS 信息，请查看 WPS 官方网站（http://www.wps.cn/）。

3.2 Word 2013 文档版面设计

 学习任务

了解 Word 页面设置的重要性，并能熟练掌握"页面设置"对话框中各项功能的设置；了解分隔符的类型，并掌握不同分隔符的使用方法；熟练掌握文字、段落、项目符号与编号、查找与替换、页眉页脚和页码的编辑方法；掌握边框与底纹、文档输出等的操作要点。

 动手实践

通过 Word 2013 的页面设置、字体、段落、边框与底纹、项目符号、页码、文件打印等，完成如图 3-12 所示文档的编辑和打印。

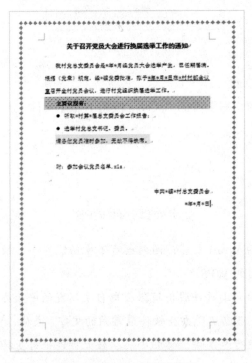

图 3-12 动手实践效果图

步骤 01 新建空白文档，并以"关于召开党员大会进行换届选举工作的通知"为文件名保存在 D 盘中。

步骤 02 打开【页面布局】选项卡，在〖页面设置〗功能组中依次单击"页边距""自定义边距..."选项，在弹出的"页面设置"对话框中，将上、下、左、右页边距均设置为"2.5 厘米"，并单击"确定"按钮。

步骤 03 在文档中输入如图 3-13 所示内容。

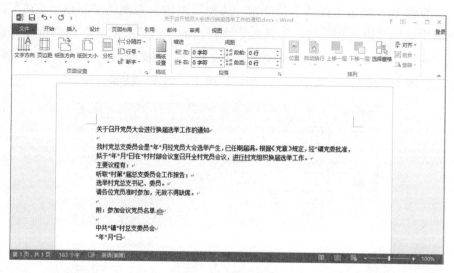

图 3-13 输入内容

步骤 04 选中标题文字，在【开始】选项卡的〖字体〗功能组中，设置字体为"黑体"，字号为"三号"，并加粗文字，如图 3-14 所示。

图 3-14 字体设置

步骤 05 单击〖段落〗功能组中的"居中"按钮 ≡ ，将标题设置为"居中对齐"方式。

步骤 06 选中除标题以外的其他文字，并设置字体为"宋体"，字号为"四号"。

步骤 07 单击〖段落〗功能组的"对话框启动器"按钮 □ ，在弹出的"段落"对话框中，设置特殊格式为"首行缩进"，缩进值为"2字符"，行距为"1.5倍行距"，并单击"确定"按钮。

步骤08 选中第3行文字中的"*年*月*日"，单击〖字体〗功能组中的"下划线"按钮 U，为文字添加下划线。同样，为文字"*村村部会议室"添加下划线。

步骤09 选中文字"主要议程有："，加粗文字。

步骤10 单击〖段落〗功能组"边框"按钮右侧的小三角，在下拉列表中选择"边框和底纹..."选项。在弹出的"边框和底纹"对话框中，选择"底纹"选项卡，设置填充颜色为"金色"，图案样式为"5%"，并选择应用范围为"段落"，如图3-15所示。单击"确定"按钮。

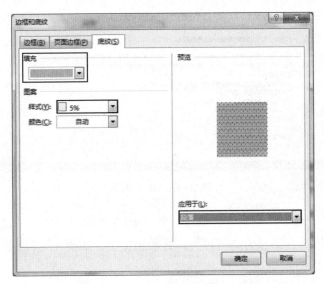

图3-15 段落的底纹设置

步骤11 选中"主要议程有："下面的两行文字，单击"项目符号"按钮，为文字设置项目符号。

步骤12 选中文字"请各位党员准时参加，无故不得缺席。"，单击"突出显示文本"按钮，使所选文字以"黄色"突出显示。

步骤13 选择文字"中共*镇*村总支委员会"和"*年*月*日"，单击"右对齐"按钮，使其右对齐显示。

步骤14 采用步骤10同样的方法打开"边框和底纹"对话框，在"边框和底纹"对话框中，选择"页面边框"选项卡，在"艺术型"下拉列表中选择

"菱形"边框,并单击"确定"按钮。

步骤 15 打开【插入】选项卡,依次单击"页码""页码底端""普通数字 2" 选项。页码插入后,双击工作区的其他位置,完成页码的插入。

步骤 16 单击程序左上角的"保存"按钮 ⊟ 保存文档。

步骤 17 打开【文件】选项卡,单击"打印"按钮。在如图 3-16 所示的 打印窗口中部设置打印份数为"1",并在窗口右侧预览打印效果。如果对打 印效果不满意,单击窗口左上方的返回箭头 ⊙ 重新回到 Word 的编辑窗口修 改文档。如果确认打印,单击页面上方的"打印"按钮,完成文档的打印。

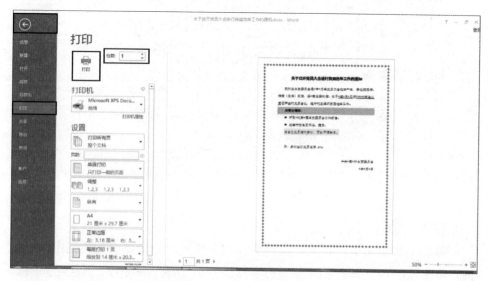

图 3-16 "打印"窗口

 **基础知识**

3.2.1 页面设置

通常情况下,写作之前需要准备大小合适的纸张。用 Word 来编辑电子文 档,也应提前确定好文档的尺寸和规格,即页面设置。

用户可以直接单击【页面布局】选项卡〖页面设置〗功能组中的"文字方 向""页边距""纸张方向""纸张大小"等按钮对文档进行页面设置,也可 以通过"对话框启动器"按钮 ⌐ 打开"页面设置"对话框,在"页面设置" 对话框中对文档进行综合设置。

3.2.2 文字编辑

1. 特殊字符的输入

可以通过依次单击【插入】选项卡〖符号〗功能组中的"符号"按钮、"其他符号..."选项，打开"符号"对话框，如图 3-17 所示。选择需要的符号，并单击"插入"按钮。

图 3-17　"符号"对话框

2. 文字设置

首先，选中文字；其次，通过【开始】选项卡〖字体〗功能组中的按钮或"字体"设置对话框，对文字进行字体、字号、加粗、下划线、删除线、下标、上标、效果和版式、突出显示、颜色、边框、底纹等的设置，同时，还能为文字添加拼音、设置字符间距等。

3. 格式刷

格式刷就像一把万能的刷子。当部分文档内容的字体格式、段落格式或者一些基本图形格式已经确定，并且希望将其应用于文档内的其他部分时，可以使用"格式刷"功能。

首先，选中已确定格式的内容；其次，在【开始】选项卡〖剪贴板〗功能组中单击"格式刷"按钮，移动鼠标到文档编辑区，当鼠标指针变为小刷子形状时，拖动选择要更改格式的内容。

如果要把文档中多个内容更改为相同格式，可以在选中已经确定格式的内容后，双击"格式刷"按钮，然后，依次选择要设置格式的内容。要停止设置格式，单击"格式刷"按钮解除格式复制。

3.2.3 段落编辑

1. 段落的对齐方式

段落是指以按 Enter 键作为结束的一段文本内容。段落的对齐方式有左对齐、右对齐、居中对齐、两端对齐和分散对齐五种方式。可以通过〖段落〗功能组中的按钮直接进行设置。

2. 设置段落缩进、行距、段前和段后间距

通过"段落"对话框可以设置段落的缩进、行距、段前和段后间距等。段落缩进有首行缩进、悬挂缩进、左侧和右侧四种方式。段落行距是指从一行文字底部到另一行文字底部的距离，默认值是单倍行距。段落间距决定段落的前后距离，可以为每一段内容进行段落间距设置。

3. 分栏

分栏是报刊编辑中一种常见的版面编排方法。设置分栏后，Word 的正文将逐栏排列。

（1）创建分栏。创建分栏就是将文档中的某一页、某一部分或整篇文档分成多个栏，操作步骤如下：

首先，选中要分栏的文档内容；其次，打开【页面布局】选项卡，单击〖页面设置〗功能组中的"分栏"按钮，在下拉列表中选择"更多分栏…"选项；最后，在弹出的"分栏"对话框中，设置好栏数、宽度和间距、应用范围等信息，如图 3-18 所示，单击"确定"按钮完成设置。

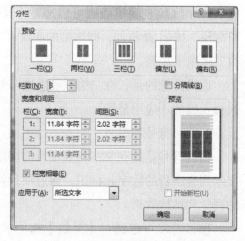

图 3-18 "分栏"对话框

（2）插入分栏符。一般情况下，设置分栏后的 Word 文本在分栏版式中总是按照从左至右的顺序排列。但有时为了强调文档内容的层次感，常常需要将一些重要的段落从新的一栏开始。这种排版要求可以通过插入分栏符的方法实现，操作步骤如下。

首先，将光标定位到需要插入分栏符的位置；其次，打开【页面布局】选

项卡，在〖页面设置〗功能组中单击"分隔符"按钮，在下拉列表中选择"分栏符"选项。此时，光标后的段落将从新的一栏开始。

（3）设置跨栏标题。跨栏标题就是跨越多栏的标题。分栏时，有时希望文章标题位于所有栏的上面，即标题本身不分栏，设置方法如下。

首先，选中要设置成跨栏标题的文字；其次，选择【页面布局】选项卡，在〖页面设置〗功能组中单击"分栏"按钮，在展开的下拉列表中选择"一栏"。

3.2.4　其他常用操作

1. 边框和底纹

为了突出文档的视觉效果，可以将文字或段落用边框包围或添加背景装饰，即为文字或段落设置边框和底纹。

（1）边框。简单边框可以通过【开始】选项卡〖字体〗功能组中的"字符边框"按钮Ⓐ添加；修饰型的边框可以通过"边框和底纹"对话框中的"边框"以及"页面边框"选项卡设置。

（2）底纹。简单底纹可以通过【开始】选项卡〖字体〗功能组中的"字符底纹"按钮🅰添加；修饰型的底纹可以通过"边框和底纹"对话框中的"底纹"选项卡设置。

值得注意的是，在"边框和底纹"对话框中设置边框或底纹时，必须注意选择正确的"应用范围"。

2. 项目符号和编号

项目符号是放在文本列表项目前用以强调效果的点或其他符号。编号是对文本列表项目的数字化标识。通过项目符号和编号的设置能够使文档具有更好的视觉和结构效果。

项目符号可以通过【开始】选项卡〖段落〗功能组中的"项目符号"按钮 ⋮▾ 设置，编号可以通过"编号"按钮 ⋮▾ 设置。在项目符号和编号的设置过程中，除了可以采用默认的样式以外，用户还可以自定义项目符号和编号。

3. 查找与替换

查找功能用于文本的定位，替换功能用于文本的替代。在编辑文档时，通过查找和替换功能，可以将速写符或缩写快速替换为实际需要的内容，或者将需要更正的词汇统一替换成新词汇。

可以通过单击【开始】选项卡〖编辑〗功能组中的"查找"或"替换"按钮完成相应的操作。"查找与替换"对话框如图 3-19 所示。

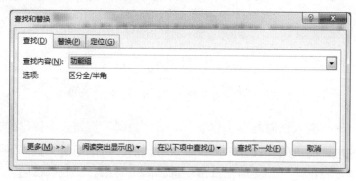

图 3-19　"查找与替换"对话框

4. 页码、页眉与页脚

Word 将页面正文顶端的空白称为页眉，将页面底部的空白称为页脚。页眉和页脚常用于插入标题、页码、日期等文本或公司徽标等图形以及各种符号。

可以通过【插入】选项卡〖页眉和页脚〗功能组中的"页眉""页脚""页码"按钮分别对文档的页眉、页脚和页码进行设置。在页眉和页脚的编辑状态，各种页眉和页脚对象（如文字、图形等）的创建和编辑与其在 Word 正文中的操作相同。

（1）编辑页眉和页脚。对一篇文章编辑页眉、页脚有两种情况：一是首次编辑；二是对已经存在的页眉、页脚重新编辑。重新编辑已经存在的页眉、页脚，只需双击页面的顶端或底部即可进入页眉、页脚的编辑状态。以下介绍首次编辑页眉的方法，首次编辑页脚的方法与首次编辑页眉的方法相同。

首先，单击【插入】选项卡〖页眉和页脚〗功能组中的"页眉"按钮，在展开的下拉列表中选择一种内置的页眉样式并单击，或选择"编辑页眉"选项，此时，Word 进入页眉的编辑状态，并在 Word 窗口中新增"页眉和页脚工具"的【设计】选项卡，如图 3-20 所示。

其次，在页眉区输入内容。输入完成后，单击功能区中的"关闭页眉和页脚"按钮退出页眉的编辑状态。

（2）插入并设置页码。页码作为文档的一部分，事实上是一种内容最简单、使用最多的页眉或页脚。用户在打印文档时，往往需要通过页码来区别不同的

图 3-20 "页眉和页脚工具"的【设计】选项卡

页。插入页码与插入页眉的方法相似：单击"页码"按钮，在弹出的下拉列表中选择一种内置的页码样式并单击。输入页码后，可以通过"页码"下拉列表中的"设置页码格式..."选项，自定义页码的编号格式和起始页码。

（3）修改或删除页眉中的横线。默认情况下，页眉中有一条横线。用户可以根据需要删除该横线或者重新设置横线的线型。要删除横线，首先，在插入的页眉处双击，使其处于编辑状态；其次，选中页眉，打开【开始】选项卡，在〖段落〗功能组中单击"边框"按钮 ▦ 右边的小三角 ，在展开的下拉列表中选择"无边框"选项，横线即被删除。

要更改横线的样式，在"边框"按钮 ▦ 的下拉列表中选择"边框和底纹..."选项，在"边框和底纹"对话框中选择一种边框样式即可。

（4）删除页眉、页脚和页码。单击"页眉""页脚"或"页码"按钮，在下拉列表中单击"删除页眉""删除页脚"或"删除页码"选项即可。

（5）在"页面设置"对话框中设置页眉和页脚。单击【页面布局】选项卡〖页面设置〗功能组的"对话框启动器"按钮 ▫，在打开的"页面设置"对话框的"版式"选项卡中可以设置页眉和页脚的奇偶页不同、首页不同，也可以设置页眉、页脚距边界的数值以改变页眉和页脚的高度。

5.分隔符

通过分隔符，可以将 Word 文档分成多个部分。Word 2013 的分隔符有分页符和分节符两大类。其中，分页符包括分页符、分栏符和自动换行符三种，分节符包括下一页、连续、偶数页和奇数页四种。

（1）分页符。默认情况下，当内容填满一页时，Word 会插入一个自动分页符并开始新的一页。如果要在某个特定位置强制分页，可以通过插入分页符的方法实现。

（2）分栏符。对文档（或段落）进行分栏后，Word 文档会在适当的位置自动分栏。可以通过插入分栏符改变 Word 默认的设置。

（3）自动换行符。默认情况下，文本到达文档页面右边距时，Word 会自动换行。通过插入换行符可以强制换行。与直接按 Enter 键不同，这种方法产生的新行仍将作为当前段的一部分。

（4）分节符。节是文档格式化的最大单位，在不同的节中，可以设置与其他文本不同的页眉、页脚、页边距、页面方向、分栏版式等格式。

默认情况下，在新建文档时，Word 将整篇文档作为一个节。如果整篇文章采用相同的格式设置，则不必分节。如果用户想在同一个文档中进行不同的页面设置时，则需要插入分节符。

插入分节符，首先，单击要插入分节符的位置；其次，单击【页面布局】选项卡〖页面设置〗功能组中的"分隔符"按钮，在展开的下拉列表中选择某种分节符，如图 3-21 所示。

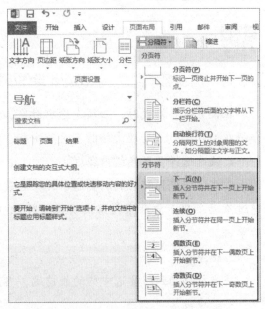

图 3-21　"分隔符"下拉列表

下一页：分节符后的文本从新的一页开始。

连续：不进行分页，紧接前一节排版，新节与其前面一节同处于当前页中。

偶数页：新节中的文本显示或打印在下一偶数页上。如果该分节符已经在偶数页上，则其下面的奇数页为一空页，常用于在偶数页开始的章节。

奇数页：新节中的文本显示或打印在下一奇数页上。如果该分节符已经在奇数页上，则其下面的偶数页为一空页，常用于在奇数页开始的章节。

要在同一文档中设置两种不同的页面方向，首先，在需要改变页面方向的段落后插入"下一页"分节符；其次，将光标置于要重新设置页面方向的分节中，打开"页面设置"对话框；最后，在"页面设置"对话框中，选择"页边距"选项卡，设置纸张方向为不同于第一小节的纸张方向，并设置应用范围为"本节"。

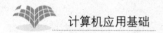

要删除分节符，单击【视图】选项卡〖视图〗功能组中的"草稿"选项，在 Word 的草稿视图中选中分节符，按 Delete 键删除。

6. 输出文档

Word 具有"所见即所得"的特性，即在屏幕上看到的文档样子就是打印出来的样子。因此，在完成文档的编辑和排版后，便可以直接打印。

默认情况下，文档的打印范围是整个文档。如果要打印连续的几页，如从第 2 页到第 10 页，则在页数文本框中输入"2-10"；如果要打印不连续的页，如打印第 1、3、6 页，则在页数文本框中输入"1,3,6"，其中，页码之间用英文状态下的逗号隔开。

 拓展知识

Word 操作小技巧

在设置文档格式时，必须先选中对象，然后再进行其他操作。以下为大家介绍在 Word 2013 处理文档时有关选中行、段落和语句的几个小技巧。

1. 快速选择多页连续内容

首先，将光标移动到所要选中文字的最前端，在第一个字前单击；其次，通过滚动条显示要结束段落的页面，按住 shift 键的同时在所要选中段落的最后单击。

2. 选中行

将光标移动到所要选中行的最前端，当鼠标变成空心斜箭头时单击。

3. 选中段落

将光标移动到所要选中段的最前端，当鼠标变成空心斜箭头时双击。

4. 选中全文

同时按下 Ctrl 和 A 键，即可选中全文。

5. 选中某一句

按住 Ctrl 键的同时，单击某句即可。需要注意的是，在 Word 中，句子是按照句号进行判断的，一个句号代表一句。

3.3 Word 2013 表格的制作与编辑

 学习任务

熟练掌握在 Word 2013 中插入、选择与编辑表格的方法；掌握表格文本的输入与编辑、排版表格及表格样式等的设置。

 动手实践

通过 Word 2013 的插入表格、表格的基本编辑、合并单元格、表格文字处理、表格属性、表格工具、边框与底纹等，完成如图 3-22 所示效果的表格。

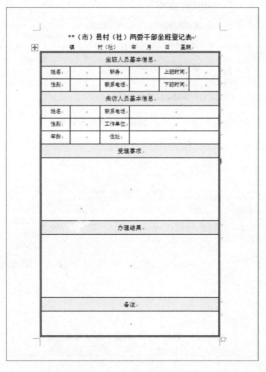

图 3-22 动手实践效果图

步骤 01 新建 Word 文档，命名为"两委干部坐班登记表"，并存储在 D 盘中。

步骤 02 在 Word 文档中输入如图 3-23 所示的文字,并设置标题文字为"三号""黑体""居中对齐"，第 2 行文字为"小四""宋体""居中对齐"。

图 3-23　输入的文字内容

步骤 03　打开【插入】选项卡，依次单击"表格""插入表格…"按钮，在弹出的"插入表格"对话框中设置表格列数为"6"，行数为"8"，如图 3-24 所示，单击"确定"按钮。效果如图 3-25 所示。

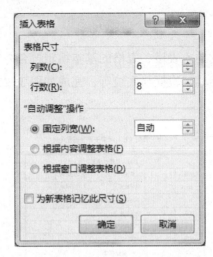

图 3-24　"插入表格"对话框

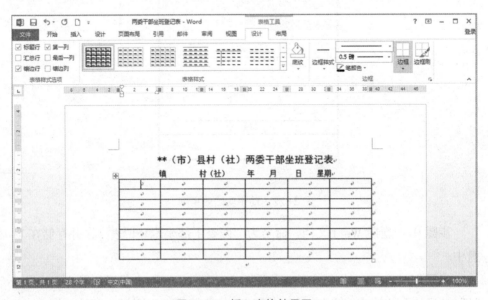

图 3-25　插入表格效果图

步骤 04 将鼠标移动到表格第 1 行左侧空白处，当鼠标变成空心斜箭头时，单击选中第 1 行。

步骤 05 将鼠标置于选中区域，单击鼠标右键，在弹出的快捷菜单中单击"合并单元格"选项，如图 3-26 所示。

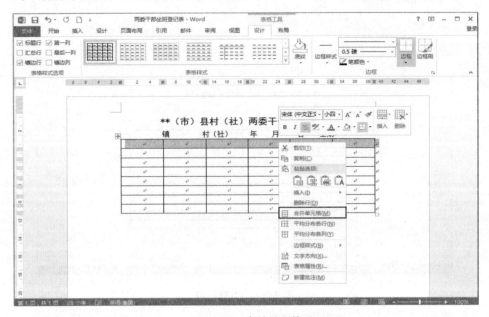

图 3-26　合并单元格

步骤 06 用步骤 04、05 同样的方法，合并第 4 行单元格。

步骤 07 拖动选中第 5 行第 4、5、6 个单元格，合并单元格。用同样的方法分别合并第 6 行第 4、5、6 个单元格，第 7 行第 4、5、6 个单元格。

步骤 08 合并第 8 行单元格。

步骤 09 将鼠标移动到第 8 行单元格中右击，在弹出的快捷菜单中依次选择"插入""在下方插入行"选项插入一个新行。用同样的方法，插入另外 4 行。效果如图 3-27 所示。

步骤 10 分别在不同的单元格中单击并输入文字，效果如图 3-28 所示。

步骤 11 右击表格左上方的十字箭头，在弹出的快捷菜单中选择"表格属性…"选项，弹出如图 3-29 所示"表格属性"对话框。选择"表格"选项卡，设置对齐方式为"居中"；选择"行"选项卡，勾选"指定高度"前的复选框，并设置值为"1 厘米"；选择"单元格"选项卡，设置垂直对齐方式为"居中"；单击"确定"按钮。

步骤 12　单击第 9 行单元格，在"表格工具"的【布局】选项卡〖单元格大小〗功能组中设置高度为"5 厘米"。

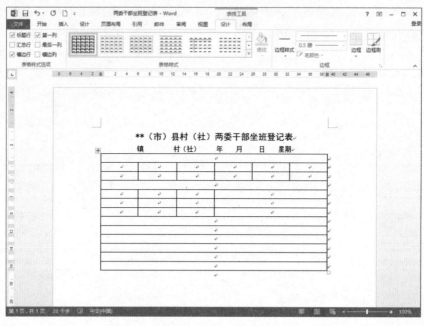

图 3-27　编辑表格

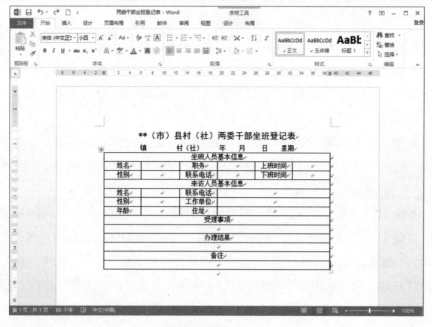

图 3-28　输入文字

图 3-29 "表格属性"对话框

步骤 13 用同样的方法设置第 11 行高度为"5 厘米",第 13 行高度为"2 厘米"。

步骤 14 将文字"坐班人员基本信息""来访人员基本信息""受理事项""办理结果""备注"设置为"四号""宋体",其他文字设置为"小四号""宋体"。

步骤 15 将鼠标定位到第一行单元格中,单击"表格工具"的【设计】选项卡"底纹"按钮的下拉小三角,在展开的"主题颜色"列表中选择"第 2 行第 1 列(白色,背景 1,深色 5%)"的色块。

步骤 16 用同样的方法设置第 4、8、10、12 行的背景颜色。

步骤 17 单击表格左上方的十字箭头选中整个表格,在"表格工具"的【设计】选项卡〖边框〗功能组中设置边框样式为"双线",粗细为"0.75 磅",颜色为"黑色",如图 3-30 所示。单击"边框"按钮下边的小三角,在下拉列表中选择"外侧框线"。

图 3-30　边框设置

步骤 18　保存文档。

基础知识

3.3.1　创建表格

在使用 Word 文档的过程中，常常需要创建表格。表格是由水平的行和垂直的列组成的，行与列交叉形成的方框称为单元格。在 Word 单元格中，不仅可以输入文字、数据，还可以插入图片、图形、文本框等多种对象。

1. 插入表格

Word 2013 提供了使用网格插入表格和使用"插入表格"对话框两种方式插入表格。

使用网格插入表格是最快捷的创建表格方法，用于创建行数和列数较少，并且有规范行高和列宽的简单表格。将光标置于需要创建表格的位置后，选择【插入】选项卡中的"表格"按钮，在展开的下拉列表中直接拖动鼠标选择网格即可。

使用"插入表格"对话框创建表格不受表格行数和列数的限制，并能够在创建表格的同时设置表格格式。可以通过单击"表格"按钮下拉列表中的"插入表格..."选项，打开"插入表格"对话框，通过设置"插入表格"对话框中的参数，完成表格的插入。

2. 绘制表格

绘制表格主要用来创建非标准形式的表格，操作方法如下。

首先，依次单击【插入】选项卡中的"表格""绘制表格"选项，当把鼠标移动到工作区时，鼠标会变成小铅笔的形状，在需要绘制表格的位置单击并拖动鼠标，松开鼠标后，即可画出表格的矩形边框。

其次，移动鼠标到表格的左边框，按下鼠标左键并向右拖动，当边框内出现一条水平虚线后松开鼠标，即可画出一条行线。用类似的方法绘制列线。重复以上的操作，直到绘制出需要的表格。

再次，如果需要擦除多余的线条，选择"表格工具"的【布局】选项卡，在〖绘图〗功能组中单击"橡皮擦"按钮，用鼠标单击要擦除的线条即可。要取消橡皮擦，再次单击"橡皮擦"按钮。同样，如果要继续绘制表格，单击"绘制表格"按钮。

最后，如果需要绘制斜线表头，将光标定位在需要绘制斜线表头的单元格中，单击"表格工具"的【设计】选项卡"边框"按钮下方的小三角，在下拉列表中选择"斜下框线"选项即可。

3.3.2　选择表格

在 Word 中可以选择单元格、行、列或整个表格。

选择单个单元格：将鼠标移动到要选择的单元格的左边界与第一个字符之间单击。

选择多个单元格：单击要选择的第一个单元格，按住 Shift 键的同时，单击要选择的最后一个单元格，可以选择连续的多个单元格。选择第一个单元格，按住 Ctrl 键的同时，依次选择其他单元格，可以选择不连续的多个单元格。

选择单行：将鼠标移动到要选择行的左侧空白处，当鼠标变成空心斜箭头时单击。

选择多行：选中第一行，按住 Shift 键的同时，单击要选择的最后一行可以选择连续的多行。选择第一行，按住 Ctrl 键的同时，依次选择其他行，可以选择不连续的多行。

选择单列：将鼠标移动到要选择列的顶端，当鼠标变成向下的实心箭头时单击。

选择多列：选中第一列，按住 Shift 键的同时，单击要选择的最后一列，可以选择连续的多列。选择第一列，按住 Ctrl 键的同时，依次选择其他列，可以选择不连续的多列。

选择整个表格：单击表格左上角的十字箭头。

此外，还可以通过鼠标拖拽的方法选择连续的单元格、行或列。

3.3.3　编辑表格

1. 合并与拆分单元格

合并与拆分单元格是一对相反的操作。可以通过"合并单元格"选项或者用橡皮擦擦除的方法将多个单元格合并成一个单元格。同样，可以通过"拆分单元格"选项将一个或多个单元格拆分。通过鼠标右键快捷菜单或"表格工具"的【布局】选项卡都可以选择"合并与拆分单元格"选项。

2.添加行或列

在制作表格的过程中，可以根据需要添加行或列。除了右键快捷菜单的方式，用户还可以选择"表格工具"的【布局】选项卡〖行和列〗功能组中的按钮添加，或通过单击〖行和列〗功能组中的"对话框启动器"按钮 ，在打开的"插入单元格"对话框中设置添加。

3.删除单元格、行、列或表格

选中需要删除的单元格、行、列或表格后，可以通过右键快捷菜单或"表格工具"的【布局】选项卡中的"删除"按钮两种方式删除单元格、行、列或表格。

4.调整行高和列宽

在 Word 中，可以通过手动拖动、"自动调整"选项、〖单元格大小〗功能组或"表格属性"对话框等方式调整表格或单元格的行高和列宽。

手动拖动：将鼠标放在表格或单元格的边框线上，当鼠标变成左右双向箭头时，按下鼠标左键并拖动即可改变行高或列宽。选中某个单元格，将鼠标移动到需要调整大小的单元格边框线上，当鼠标变成左右双向箭头时，按下鼠标左键并拖动即可改变该单元格的行高或列宽。

"自动调整"选项：将鼠标置于要修改的表格内，单击"表格工具"的【布局】选项卡〖单元格大小〗功能组中的"自动调整"按钮，在下拉列表中选择不同的调整类型即可。

〖单元格大小〗功能组或"表格属性"对话框：可以在〖单元格大小〗功能组"高度"和"宽度"文本框中输入行高或列宽值，或通过在"表格属性"对话框的"行"或"列"选项卡中输入指定行高或指定列宽的方式，精确设置表格的行高或列宽。

3.3.4 在表格中输入和编辑文本

1.输入与编辑文本

在表格中输入与编辑文本和在文档中输入与编辑文本的方法基本相同。在表格中输入文本时，要先在需要输入文本的单元格中单击，然后再输入。

2. 指定文本到表格线的距离

通过〖单元格大小〗功能组的"对话框启动器"按钮 ⌐ 可以打开"表格属性"对话框。单击"表格属性"对话框"表格"选项卡中的"选项 ..."按钮,在打开的"表格选项"对话框中可以设置默认单元格的边距,如图 3-31 所示。此外,还可以通过直接单击"表格工具"的【布局】选项卡〖对齐方式〗功能组中的"单元格边距"按钮打开"表格选项"对话框。

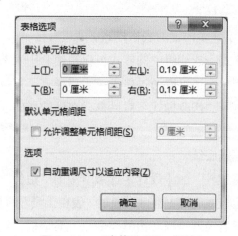

图 3-31   "表格选项"对话框

3. 表格中文本的排版

可以通过"表格工具"的【布局】选项卡〖对齐方式〗功能组中的九种对齐方式设置单元格中文字的对齐方式。通过"文字方向"设置单元格中文字的横排或竖排显示方式。

3.3.5   在文档中排版表格

为了版面的规范和美观,表格在文档中的排放并不是一成不变的。

1. 调整表格的位置

使用"绘图表格"选项制作表格时,可以直接把表格绘制在文档中的任何位置。但使用"插入表格 ..."选项制作表格时,表格左边界总是与文档的左页边距对齐,或在分栏的文档中与栏的左边界对齐。在 Word 2013 中,可以随意调整表格的位置。把鼠标移动到表格左上方的十字箭头处并拖动,或通过"表格属性"对话框"表格"选项卡中的"对齐方式"精确设置表格在文档中的水平对齐方式。

2.设置表格的环绕方式

通过使用 Word 2013 中文字环绕表格的功能，可以在表格的四周环绕文字，从而实现表格和文字的混排。表格的环绕是通过选择"表格属性"对话框"表格"选项卡中的"环绕"选项实现的。

3.3.6　设置表格样式

1.套用内置的表格样式

Word 2013 提供了许多内置的表格样式，通过直接单击"表格工具"的【设计】选项卡〖表格样式〗功能组中的样式可以快速套用表格样式。如果用户对内置的表格样式不满意，还可以通过单击"表格样式"下拉列表中的"修改表格样式 ..."选项，打开"修改样式"对话框，在已选择的表格样式的基础上，做进一步的自定义设置。

2.设置表格边框或底纹

可以通过"表格工具"的【设计】选项卡中的"边框"或"底纹"按钮设置表格或单元格的边框或底纹，也可以通过"表格工具"的【设计】选项卡〖边框〗功能组的对话框启动器打开"边框与底纹"对话框，在"边框与底纹"对话框中对表格或单元格的边框与底纹进行更详细的设置。

 **拓展知识**

巧用表格与文本的转换

在生活中，经常从网页上通过复制与粘贴的方式复制文字到 Word 中。可是，当我们复制大面积文字时，常常会发现，除了文字，还有一些表格同时被复制下来。可以通过 Word 文本与表格互换的功能将表格转换为文本。

首先，选中要转换为文本的表格；其次，单击"表格工具"的【布局】选项卡〖数据〗功能组中的"转换为文本"按钮，在打开的如图 3-32 所示"表格转换成文本"对话框中选择一种文字分隔符，单击"确定"按钮。

图 3-32　"表格转换成文本"对话框

3.4 插入对象与绘制图形

 学习任务

了解在 Word 2013 中可以插入的对象类型及各自的特点；熟练掌握在 Word 2013 中插入图片、图形的方法及其格式的设置；掌握文本框、艺术字、SmartArt、屏幕截图等的插入与编辑方法。

 动手实践

通过在 Word 2013 中插入与编辑图片、艺术字、文本框、图形等，完成如图 3-33 所示的"魅力山东"宣传海报。

特别说明：

本实践需提前准备 1 张尺寸较大的背景图片，3 张风景图片，并存储在文件夹中。以下操作中用到的素材包括图片"背景 .jpg""风景 1.jpg""风景 2.jpg""风景 3.jpg"。建议根据学习内容，完成 1 张本地或本部门的宣传海报。

图 3-33 "魅力山东"宣传海报

步骤 01 新建 Word 空白文档，命名为"魅力山东"，并保存在 D 盘中。

步骤 02 在【页面布局】选项卡〖页面设置〗功能组中，将文档的页边距设为"0"，纸张方向设为"横向"，纸张大小设为"A4"。

步骤 03　打开【插入】选项卡，单击〖插图〗功能组中的"图片"按钮，在打开的"插入图片"对话框中选择图片"背景 .jpg"。

步骤 04　拖动图片四周的控制点调整图片的大小，使图片完全覆盖文档。

步骤 05　打开"图片工具"的【格式】选项卡，单击"艺术效果"按钮，在下拉"艺术效果"列表中单击"第 2 行第 3 列（画图刷）"的效果。

步骤 06　打开【插入】选项卡，单击〖文本〗功能组中的"艺术字"按钮，在下拉列表中选择"第 3 行第 4 个（填充 - 白色，轮廓 - 着色 2，清晰阴影 - 着色 2）"的艺术字样式，在弹出的文本框中输入文字"魅力山东——"，设置文字字体为"华文琥珀"，字号为"初号"，并将其拖动到页面左上角。

步骤 07　在【插入】选项卡〖文本〗功能组中单击"文本框"按钮，在下拉列表中单击"简单文本框"；单击"自动换行"按钮，在展开的下拉列表中选择"浮于文字上方"选项；在文本框中输入如图 3-34 所示文字，设置字体为"黑体"，字号为"小四"，并移动文本框到合适的位置。

> 一年之际在于春，春天的齐鲁大地虽然多雨，但气候宜人，清新淡雅。
> 夏天的山东，海风徐徐，海水温暖，是海滨黄金旅游的绝好之选。
> 金秋送爽，正是去泰山登山、赏红叶的好季节，天高气爽，心旷神怡。
> 冬季，冰雪山东，滑雪爱好者齐聚于此，在滑雪场中驰骋飞驰，更有每年的中国山东国际滑雪节为游客带来更多欢乐。

图 3-34　"魅力山东"文字内容 1

步骤 08　选择文本框，依次单击"绘图工具"的【格式】选项卡中的"编辑形状""更改形状"选项，在展开的列表中选择"圆角矩形"；选择〖形状样式〗功能组中的预设样式（强烈效果 - 金色，强调颜色 4），效果如图 3-35 所示。

步骤 09　插入图片"风景 1.jpg"，选择"图片工具"的【格式】选项卡，单击"自动换行"按钮，在下拉列表中选择"浮于文字上方"选项。

步骤 10　在"图片工具"的【格式】选项卡〖大小〗功能组中设置图片的高度为"6 厘米"；单击"裁剪"按钮下方的小三角，在下拉列表中选择"裁剪为形状"中的"心"形图形；单击"图片效果"按钮，在下拉列表中依次选择"发光""蓝色，18pt 发光，着色 5"的发光效果，并将此图片移动到文本框的正上方。

步骤 11　用步骤 09 的方法分别插入图片"风景 2.jpg""风景 3.jpg"并设置其版式为"浮于文字之上"。

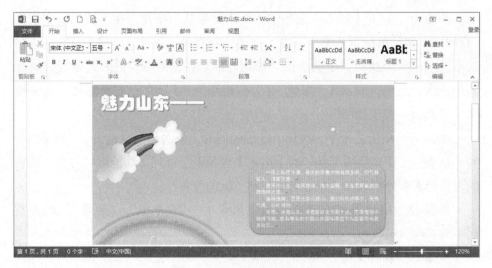

图 3-35　艺术字与文本框

步骤 12　设置图片"风景 2"的高度为"7 厘米"，在〖图片样式〗功能组中选择"映像棱台，白色"样式，并将其移动到文本框的正下方。

步骤 13　设置图片"风景 3"的高度为"9 厘米"；单击"裁剪"按钮下方的小三角，在下拉列表中选择"裁剪为形状"中的"云"形图形；单击"图片边框"按钮，在展开的"主题颜色"列表中选择"蓝色，着色 5，淡色 60%"，并设置边框粗细为"2.25 磅"；移动图片至艺术字下方。

步骤 14　单击【插入】选项卡中的"形状"按钮，选择"右箭头"，移动鼠标到工作区，当鼠标变成十字的时候，拖动鼠标，当在工作区中拖出合适大小的箭头时，松开鼠标。右击箭头，在弹出的快捷菜单中选择"添加文字"，在文本输入区输入如图 3-36 所示的文字，并设置文字为"四号""黑体""红色""居中对齐"。

> **热情好客的山东人民欢迎您的到来！**
> 咨询电话：053*-8303**11
> 投诉电话：053*-8303**88

图 3-36　"魅力山东"文字内容 2

步骤 15　选中形状，在"绘图工具"的【格式】选项卡中依次单击"形状效果""棱台""艺术装饰"效果；再次单击"形状效果"按钮，设置三维旋转为"前透视"。

步骤 16 打开【插入】选项卡，单击"形状"按钮，在下拉列表中选择"直线"，移动鼠标至艺术字下方，拖动绘制直线；通过"绘图工具"的【格式】选项卡〖形状样式〗功能组"形状轮廓"按钮的下拉列表选项设置直线的颜色为"白色，背景 1，深色 5%"，粗细为"3 磅"；右击直线，在快捷菜单中选择"置于顶层"。

步骤 17 单击艺术字，按住 Ctrl 键的同时，依次单击"直线""风景 3"和"箭头"，在"绘图工具"的【格式】选项卡〖排列〗功能组"对齐"按钮的下拉列表中分别选择"左右居中"和"纵向分布"。

步骤 18 用步骤 17 的方法设置"风景 1""文本框""风景 2"的左右居中对齐和纵向分布。

步骤 19 保存文档。

 基础知识

3.4.1 图片的创建与编辑

1. 插入图片

Word 2013 可以通过【插入】选项卡〖插图〗功能组中的"图片"和"联机图片"按钮插入图片。单击"图片"按钮，可以在"插入图片"对话框中查找本地图片文件并插入；单击"联机图片"按钮，在弹出的"插入图片"对话框中输入关键词可以查找联机照片服务网站上的图片，在搜索结果中选择图片并单击"插入"按钮。

2. 图片格式的设置

选中图片，可以在"图片工具"的【格式】选项卡中对图片格式进行设置。如图 3-37 所示。

图 3-37 "图片工具"的【格式】选项卡

（1）图片背景设置。可以通过"删除背景"选项删除背景与主体相对分明图片的背景。具体方法是：选择图片并单击"删除背景"按钮，调整图片四周的控制点或单击【背景消除】选项卡中"标记要保留的区域"或"标记要删

除的区域"选项使图片需要保留
的部分正常显示，最后，单击"保
留更改"命令。删除背景前与删
除背景后的图片效果如图 3-38
所示。

图 3-38 删除背影效果

（2）裁剪图片。选中需要裁
剪的图片，单击〖大小〗功能组
中的"裁剪"按钮，当图片周围出现黑色裁剪控制柄时，拖动控制柄即可裁剪

图 3-39 裁切图

图片，如图 3-39 所示。

还可以通过单击"裁剪"按钮下方的小三
角，选择"裁剪为形状"选项，在展开的形状
列表中选择一种裁剪形状即可。

当裁剪完成后，可以通过"裁剪"按钮下
拉列表中的"调整"选项重新对裁剪结果进行
调整。

（3）调整图片大小。除了直接拖动图片四周的控制点调整图片大小外，
还可以通过在〖大小〗功能组"高度"和"宽度"输入框中直接输入数值的方
式精确设置图片大小。默认情况下，只需输入高度或宽度中的一个值，另一个
值会等比例自动更新。如果想改变单个数值，单击〖大小〗功能组的"对话框
启动器"按钮 ，在弹出的"布局"对话框中取消选择"锁定纵横比"选项
即可。

（4）设置图片样式。图片样式的设置是通过〖图片样式〗功能组中的选
项完成的。可以直接选择系统预设的图片样式，也可以通过"图片边框"按钮
设置图片边框的颜色、粗细、线型，通过"图片效果"选项设置图片的阴影、
映像、发光、柔化边缘、棱台、三维旋转效果，通过"图片版式"为图片添加
更多的显示效果。

（5）设置图片布局。设置图片布局就是设置图片与文字的混排形式。图
文混排的设置是通过〖排列〗功能组中的"位置"或"自动换行"选项完成的。
以"自动换行"为例，操作步骤如下。

首先，选择需要设置图文混排的图片，如图 3-40 所示。

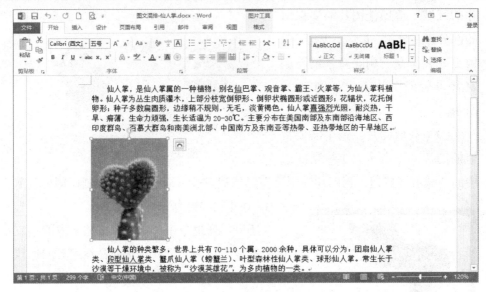

图 3-40　选择图片

　　其次，选择"图片工具"的【格式】选项卡，在〖排列〗功能组中单击"自动换行"按钮，在展开的下拉列表中选择一种图文混排方式，如"紧密型环绕"。调整图片的位置，效果如图 3-41 所示。

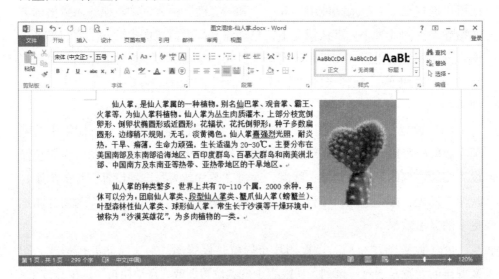

图 3-41　图文混排后的效果

　　如果在"自行换行"按钮的下拉列表中没有所需要的排列方式，用户还可以单击"其他布局选项..."命令，在弹出的"布局"对话框"位置"选项卡中自定义设置。此外，还可以通过"自动换行"按钮下拉列表中的"编辑环绕顶点"选项手动编辑文字的环绕区域。如图 3-42 所示。

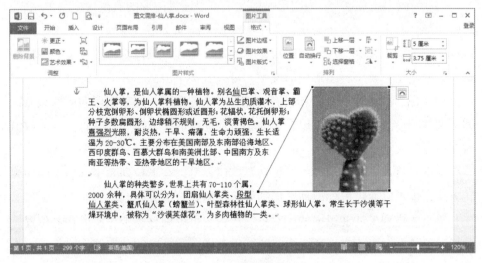

图 3-42　编辑环绕顶点

3.4.2　图形的创建与编辑

1. 图形的创建

可以通过【插入】选项卡〖插图〗功能组中的"形状"按钮插入图形。Word 2013 为用户提供了包括线条、矩形、基本形状、箭头、公式形状、流程图等多种形式的图形。在绘制图形时，按住 Shift 键可以画出一些标准形状，如画圆时可画出标准圆形。

2. 图形的编辑

图形的编辑是在"绘图工具"的【格式】选项卡中完成的，如图 3-43 所示。

图 3-43　"绘图工具"的【格式】选项卡

（1）图形样式。可以通过〖形状样式〗功能组中的"形状填充"和"形状轮廓"按钮手动调整形状内部的填充颜色和外部轮廓的样式，和图片样式一样，用户也可以直接应用系统预设的形状样式。同时，还可以为图形添加形状效果。

（2）为图形添加文字。为图形添加文字可以通过图形的右键快捷菜单完成。选中图形并右击，在弹出的快捷菜单中选择"添加文字"选项，在图形中光标闪烁的位置输入文字即可。在图形中输入的文字，可以像编辑正文文字一样编辑文字的属性。要编辑图形中的文字，可以直接单击文字并编辑即可。

（3）图形的大小、旋转和对齐。选中一个图形后，调整图形四周的顶点，即可调整图形的大小。也可以在〖大小〗功能组的文本输入框中直接输入数值改变图形的大小。

单击〖排列〗功能组中的"旋转"按钮，可以在下拉列表中选择不同的旋转方式，也可以通过鼠标拖动图形的旋转控制点自由旋转。

单击〖排列〗功能组中的"对齐"按钮，可以调整多个对象的相对位置，包括对象的左、中、右，顶、中、底，以及横向和纵向的分布等。

（4）图形形状的修改。可以通过〖插入形状〗功能组"编辑形状"按钮下拉列表中的"更改形状"选项重新选择形状类型，通过"编辑顶点"选项对已有形状进行局部调整。

（5）图形的组合与分解。可以将多个图形组合成一个图形，也可以将一个组合图形分解成多个原始图形。同时选中多个图形并右击，在弹出的快捷菜单中单击"组合"选项，可组合图形。选择一个组合图形并右击，在弹出的快捷菜单中依次单击"组合""取消组合"选项，可将组合图形还原成多个原始图形。

（6）调整图形的叠放次序。当同一个文档中有多个图形时，可以根据需要调整图形的叠放顺序。选择图形后，可以通过右键快捷菜单和〖排列〗功能组选项两种方法调整图形的叠放次序。

3.4.3　其他对象的创建与编辑

1. 文本框

根据文本框中文本的排列方向，可将文本框分为横排文本框和竖排文本框，可以通过【插入】选项卡〖文本〗功能组中的"文本框"按钮插入。

插入文本框后，可以在文本框中输入文字。可以通过"绘图工具"的【格式】选项卡〖形状样式〗功能组中的选项对文本框的形状进行修改，通过〖艺术字样式〗功能组中的选项对文本框中的文字进行修改。

2. 艺术字

艺术字是一种具有艺术效果的文字，通过艺术字的插入，能够增加文档的装饰性。除了能够应用系统预设的艺术字效果外，用户还可以自定义个性化的艺术字效果。艺术字的插入，通过单击【插入】选项卡〖文本〗功能组中的"艺术字"按钮完成。

3. SmartArt

SmartArt 图形是信息和观点的视觉表示形式，能够快速、轻松、有效地传达信息。如图 3-44 所示。通过单击【插入】选项卡〖插图〗功能组中的"SmartArt"按钮可以插入 SmartArt 图形。

图 3-44　SmartArt 图形

4. 屏幕截图

Word 2013 为用户提供了在 Word 中插入和编辑屏幕截图的功能。单击【插入】选项卡〖插图〗功能组中的"屏幕截图"按钮，在展开的下拉列表中直接单击某个"可视窗口"即可。如果需要自定义屏幕截图，选择"屏幕剪辑"选项，当鼠标变为十字形时，按住鼠标左键拖动选择需要截图的范围，释放鼠标完成屏幕截图的插入。

拓展知识

利用 Word 制作电子小报

Word 排版是办公自动化最常见也是最重要的工具之一，而最能体现 Word 综合排版水平的当属 Word 小报了。

在 Word 小报中，除了报头、刊首外，小报的内容主要是大量的文字内容、突出显示的文字标题以及部分图片。因此，小报的编辑主要是版面的划分，即如何将一张四四方方的版面分割成不同的部分，并置入合适的内容。用 Word 制作电子小报和手工制作不同，需要结合 Word 的使用特点进行设计与制作。

首先，使用表格为主要框架，通过利用绘制表格工具在不同单元格内画线来划分版块。

其次，各个版块的内容，要根据具体需要在单元格中插入艺术字、文本框、图片、自选图形等，并充分利用文字的分栏、首字下沉、水印、填充、版式等功能优化各个对象的显示方式。

最后，灵活设置表格及文本框的边框线的显示、隐藏及线型，最终达到图文混排的精美效果。

本章小结

Word 2013 是 Office 2013 办公套件之一，是编辑并排版文本文档的软件，能够制作出集文字、图形、图像、表格等元素于一体的文本文档，被广泛应用于普通文件、简历、信函、报告等各个方面。用 Word 2013 制作的文档可以通过计算机阅读，也可以打印输出。本章首先讲解了 Word 2013 从新建文档、输入内容到文档保存的制作过程，然后全面系统地介绍了 Word 文档的页面设置、文字、段落、表格、图片、图形、文本框、艺术字、SmartArt、屏幕截图等的编辑与格式化以及查找与替换、页眉和页脚、分隔符、文档输出等方面的知识。每节的内容都是通过一个综合实践引入，然后讲解基础知识，利用实践结合知识点的方式，灵活生动地展示了 Word 2013 的使用方法和强大功能。通过学习本章内容，希望大家能够结合自己的实际工作，将 Word 2013 有效应用到工作和生活中。

 课后练习

1. Word 2013 的工作界面由哪些部分组成？

2. 简述用 Word 2013 创建空白文档的过程。

3. 举例说明 Word 2013 模板的使用方法。

4. 简述分节符的使用方法。

5. 如何在 Word 2013 文档中添加页眉和页脚？

6. 简述在 Word 2013 文档中添加边框和底纹的方法。

7. 简述在 Word 2013 文档中插入表格的几种方式。

8. 如何合并和拆分单元格？

9. 怎样在 Word 2013 文档中插入艺术字？

10. Word 2013 文档中可以插入哪几种类型的文本框？

11. 如何设置图片的布局，即文本环绕方式？

12. 如何将文件打印输出？

第4章　电子表格处理软件 Excel 2013 的使用

 学习目标

　　了解：Excel 2013 的基本功能、文件类型、相关概念与工作界面；Excel 工作表的美化；公式、运算符、单元格引用及函数的相关概念；图表类型。

　　掌握：Excel 2013 工作簿的基本操作；Excel 工作表的页面设置和打印；通过排序、筛选和分类汇总进行数据处理；迷你图的创建和编辑。

　　熟练掌握：Excel 工作表、单元格及行与列的基本操作；数据的输入和编辑；工作表的格式化；公式和常用函数的使用；标准图表的创建和编辑。

　　电子表格实际上就是一张数据表，这种数据表不仅可以显示、保存数据，充当一般的计算器，还可以在表格中对数据进行复杂运算，给人们的工作、生活和生产过程带来极大方便。Excel 2013 是 Microsoft Office 2013 系列办公软件中用于制作电子表格的一个重要组件，被广泛应用于办公自动化、数据管理、财务统计等领域。

4.1　初识 Excel 2013

 学习任务

　　了解 Excel 2013 的基本功能、文件类型、相关概念与工作界面；掌握 Excel 2013 工作簿的创建、保存、打开和关闭；熟练掌握 Excel 工作表的新建、选择、删除、移动和复制、重命名、设置标签颜色、拆分与冻结等；熟练掌握单元格、行与列的选择、插入、删除，行或列的隐藏，单元格的合并与拆分，行高与列宽的调整等基本操作。

动手实践

启动 Excel 2013，创建 Excel 工作簿并观察 Excel 2013 的工作界面；新建一个工作表，并将工作表 Sheet1 重命名为"表 1"、工作表 Sheet2 重命名为"表 2"；保存工作簿，退出 Excel 2013 应用程序。

步骤 01 打开"开始"菜单，依次单击"所有程序""Microsoft Office 2013""Excel 2013"，如图 4-1 所示。

图 4-1 启动 Excel 应用程序

步骤 02 启动 Excel 2013 后，打开如图 4-2 所示窗口。单击"空白工作簿"按钮，新建一个名为"工作簿 1"的空白工作簿。观察 Excel 2013 的工作界面。

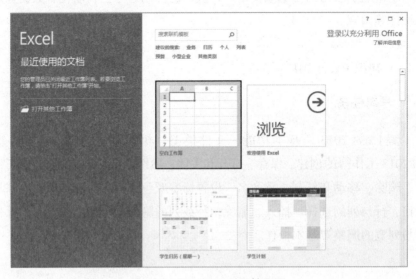

图 4-2 Excel 2013 开始界面

步骤 03　单击"新工作表"按钮 ，新建工作表 Sheet2，如图 4-3 所示。

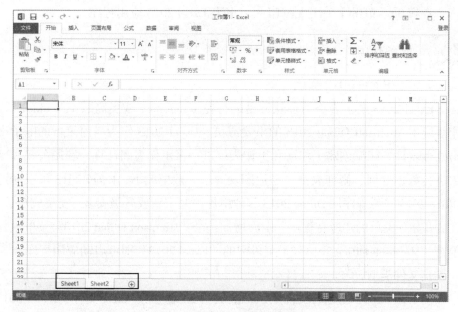

图 4-3　新建工作表 Sheet2

步骤 04　双击工作表 Sheet1 的标签，在光标处输入工作表的名称"表 1"，如图 4-4 所示。用同样的方法重命名 Sheet2 为"表 2"。

图 4-4　重命名工作表

步骤 05　单击【文件】选项卡，单击"保存"或"另存为"按钮保存文件。

步骤 06　单击【关闭】按钮 ×，退出 Excel 2013 应用程序。

基础知识

4.1.1　Excel 2013 概述

Excel 2013 电子表格处理软件是运行在 Windows 7 或更高版本 Windows 操作系统中 Microsoft Office 2013 的重要成员。Excel 2013 作为当前流行的电子表格处理软件，能够创建工作簿和工作表、进行多工作表间计算、利用公式和函数进行数据处理、修饰表格、创建图表等。一般情况下，Excel 2013 可以通过 Office 2013 安装程序同 Office 2013 其他组件一起全新或升级安装。安装成功后，在"开始"菜单的"所有程序"中会增加一个"Microsoft Office 2013"菜单项，单击"Microsoft Office 2013"子菜单中的"Excel 2013"即可启动应用程序。

1. 文件类型

由 Excel 2013 创建的文件默认扩展名为 .xlsx。除了 .xlsx 文件，Excel 2013 还允许将文件保存为低版本工作簿文件（.xls）、Excel 模板文件、PDF、XPS 文档等多种文件格式。

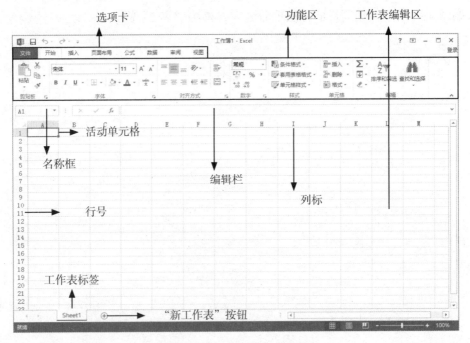

图 4-5　Excel 2013 工作界面

2. Excel 2013 的工作界面

Excel 2013 工作界面中的标题栏、快速访问工具栏、滚动条等，与Word 2013 的工作界面大致相同，如图 4-5 所示。

以下介绍 Excel 2013 中不同于 Word 2013 的工作界面。

（1）选项卡：Excel 2013 的主选项卡包括文件、开始、插入、页面布局、公式、数据、审阅和视图。

（2）活动单元格：活动单元格是指工作表中被选中的单元格，也是工作表当前进行数据输入和编辑的单元格，以粗框显示。

（3）名称框：名称框位于功能区下方左侧，用于显示活动单元格地址或所选单元格、单元格区域或对象的名称。

（4）编辑栏：编辑栏位于名称框的右侧，用来显示或编辑活动单元格中的数据、公式和函数。

（5）工作表编辑区：工作表编辑区位于名称框和编辑栏的下方，是工作表内容的显示和编辑区域，主要用于工作表数据的输入、编辑和各种数据处理。工作表编辑区上方是列标，左侧是行号，右侧为垂直滚动条，下方是水平滚动条。

（6）工作表标签：工作表标签位于工作表编辑区的左下方，用来显示工作表名称。默认情况下，当前工作表标签底色为白色，而非当前工作表标签底色为灰色。

（7）"新工作表"按钮⊕：通过单击"新工作表"按钮⊕，可以创建新的工作表。

3. Excel 2013 基本概念

在学习使用 Excel 2013 进行数据处理之前，首先要了解一些基本概念，如工作簿、工作表和单元格等。

（1）工作簿。Excel 2013 文档也称为"工作簿"，是用来处理并存储数据的文件。新建工作簿的默认名为"工作簿 1"。

（2）工作表。工作表是工作簿窗口中，由行和列组成的电子表格。默认情况下，新建空白工作簿中有 1 张名为"Sheet1"的工作表，工作簿中可包含工作表的数量受可用内存的限制。在工作表中，可以存储文本、数值、公式、图表等信息。

（3）单元格。工作表中，把行与列交叉形成的格子称为单元格。单元格是工作表存储信息的基本单元，是 Excel 数据处理的最小操作对象。工作表中的单元格按所在行、列位置命名，其中，行号用数字标识，列标用英文字母标识。例如，单元格 B3 是指第 B 列（第 2 列）第 3 行的单元格。在 Excel 中，单元格区域是指多个连续的单元格，一般用"起始单元格地址：终止单元格地址"表示，如单元格 A1 至 A5 的单元格区域表示为 A1:A5。

4.1.2 工作簿、工作表与单元格的基本操作

1. 工作簿的基本操作

在 Excel 2013 中，工作簿的操作类似于 Word 2013 中文档的操作，也包括新建、保存、打开和关闭等。

2. 工作表的基本操作

（1）插入工作表。单击"工作表标签"右侧的"新工作表"按钮 ⊕，即可在当前工作表的后面新建一张工作表。

（2）选择工作表。在对工作表进行操作前，都要先选择工作表，使之成为当前工作表。

选择单个工作表：单击要选择的工作表标签。

选择相邻的多个工作表：先选择一个工作表，按住 Shift 键的同时选择最后一个工作表。

选择不相邻的多个工作表：先选择一个工作表，按住 Ctrl 键的同时依次选择其他工作表。

（3）删除工作表。右击要删除工作表的标签，从弹出的快捷菜单中选择"删除"命令，即可删除该工作表。

（4）移动与复制工作表。用鼠标左键拖动要移动工作表的标签，此时，屏幕上会出现一个图标和一个小三角箭头来指示该工作表移动后的位置。移动鼠标到目标位置后，释放鼠标。要复制工作表，在移动工作表的同时按住 Ctrl 键即可。

（5）重命名工作表。右击要重命名的工作表标签，在弹出的快捷菜单中选择"重命名"命令或直接双击工作表标签，在光标处输入工作表的新名。

（6）设置工作表标签颜色。右击要设置颜色的工作表标签，在弹出的快捷菜单中选择"工作表标签颜色"选项，在下拉列表中单击一种颜色，或通过"其他颜色..."选项，选择更多的颜色。

（7）拆分工作表。当需要比对一个工作表的两个或多个不同区域的数据时，可以使用拆分工作表的方法。

将工作表拆分成上下两个部分：首先选中希望拆分的行下方的行，其次单击【视图】选项卡〖窗口〗功能组中的"拆分"按钮。

将工作表拆分成左右两个部分：首先选中希望拆分的列右侧的列，其次单击【视图】选项卡〖窗口〗功能组中的"拆分"按钮。

将工作表同时拆分成上下左右四个部分：首先选择希望拆分的位置下方和右侧的单元格，其次单击【视图】选项卡〖窗口〗功能组中的"拆分"按钮。

取消拆分：重新单击"拆分"按钮即可。

（8）冻结工作表窗格。

冻结首行或首列：单击【视图】选项卡〖窗口〗功能组"冻结窗格"按钮下拉列表中的"冻结首行"或"冻结首列"命令。

冻结多行或多列：选中要保留在窗口中标题行的下一行或要保留在窗口中标题列的后一列，单击【视图】选项卡〖窗口〗功能组"冻结窗格"按钮下拉列表中的"冻结拆分窗格"命令。

同时冻结多行多列：选中要冻结的单元格，其上方为要冻结的行，左侧为要冻结的列，单击【视图】选项卡〖窗口〗功能组"冻结窗格"按钮下拉列表中的"冻结拆分窗格"命令。

取消冻结：单击【视图】选项卡〖窗口〗功能组"冻结窗格"按钮下拉列表中的"取消冻结窗格"命令。

3. 单元格、行或列的基本操作

（1）选择。

选择单元格：移动鼠标到单元格中并单击。

选择连续的单元格区域：将鼠标移动到要选择的单元格区域的第一个单元格，拖动鼠标到单元格区域的最后一个单元格，释放鼠标。

选择不连续的单元格区域：选择第一个单元格，按住 Ctrl 键的同时，依次单击其他单元格。

选择单行或单列：将鼠标移动到需要选择的行或列的行号或列标上单击。

选择连续的多行或多列：选择第一行或第一列，拖动鼠标到最后一行或最后一列，释放鼠标；或选择第一行或第一列，按住 Shift 键的同时，单击最后一行或最后一列。

选择不连续的多行或多列：选择第一行或第一列，按住 Ctrl 键的同时，依次选择其他行或列。

（2）插入。

插入行或列：选择要插入行或列的下一行或右侧列，右击鼠标，在弹出的快捷菜单中选择"插入"命令或打开【开始】选项卡〖单元格〗功能组中"插入"按钮的下拉列表，单击"插入工作表行"或"插入工作表列"命令。

插入单元格：选择要插入单元格所在位置的单元格，右击鼠标，在弹出的快捷菜单中选择"插入"命令或打开【开始】选项卡〖单元格〗功能组中"插入"按钮的下拉列表，单击"插入单元格 ..."命令，打开"插入"对话框，如图 4-6 所示，选择一种插入方式，单击"确定"按钮。

（3）删除。

图 4-6 "插入"对话框

删除行或列：选择要删除的行或列，右击鼠标，从弹出的快捷菜单中选择"删除"命令。或打开【开始】选项卡〖单元格〗功能组"删除"按钮的下拉列表，单击"删除工作表行"或"删除工作表列"命令。

删除单元格：选中要删除的单元格，右击鼠标，从弹出的快捷菜单中选择"删除"命令。或打开【开始】选项卡〖单元格〗功能组"删除"按钮的下拉列表，单击"删除单元格 ..."命令，在弹出的"删除"对话框中选择一种删除方式，并单击"确定"按钮。

（4）隐藏行或列。选择需要隐藏的行或列，单击【开始】选项卡〖单元格〗功能组"格式"按钮下拉列表中的"隐藏和取消隐藏"选项，在展开的子列表中选择"隐藏行"或"隐藏列"命令。

要取消行或列的隐藏，选中被隐藏行或列的上一行和下一行或左列和右列，单击【开始】选项卡〖单元格〗功能组"格式"按钮下拉列表中的"隐藏和取消隐藏"选项，在展开的子列表中选择"取消隐藏行"或"取消隐藏列"命令。

（5）合并单元格。合并单元格是将若干个单元格合并成一个单元格。合并单元格有合并后居中、跨越合并和合并单元格三种方式。

合并后居中是指将所选单元格区域合并，并且，合并后的单元格对齐方式为居中对齐方式。跨越合并是指只对所选单元格区域的行进行合并。合并单元格是指只对所选单元格区域进行合并，合并后的单元格对齐方式保留第一个单元格的原有对齐方式。

要合并单元格，首先，选择要合并为一个单元格的单元格区域；其次，单击【开始】选项卡〖对齐方式〗功能组中的"合并后居中"按钮，或打开"合并后居中"按钮的下拉列表，从列表中选择一种合并方式。此外，在合并多个单元格时，只有左上角单元格中的数据将保留在合并的单元格中，所选区域内其他单元格中的数据都将被删除。

（6）拆分单元格。拆分单元格是将合并的单元格还原成若干独立的单元格。

首先，选中要拆分的合并单元格；其次，单击【开始】选项卡〖对齐方式〗功能组中的"合并后居中"按钮。拆分后，合并单元格的内容将出现在拆分单元格区域左上角的单元格中。

（7）调整行高和列宽。可以通过使用鼠标和使用功能区按钮两种方式调整行高和列宽。

使用鼠标调整行高或列宽：将鼠标移动到行号或列标的边界处，当鼠标指针变成上下双向箭头或左右双向箭头时，按住鼠标左键拖动即可。

使用功能区按钮调整行高或列宽：选中要调整行高或列宽的行、列、单元格或单元格区域，单击【开始】选项卡〖单元格〗功能组"格式"按钮下拉列表中的"行高 ..."或"列宽 ..."选项，在弹出的对话框中，输入新的"行高"或"列宽"值即可。此外，还可以通过单击【开始】选项卡〖单元格〗功能组"格式"按钮下拉列表中的"自动调整行高"或"自动调整列宽"选项自动调整行高或列宽。

 拓展知识

生活中的 Excel

从 20 世纪末开始，人类逐步进入信息化社会。话说"电子表格制作软件 Excel 作为 Microsoft Office 系列办公软件的一个重要组件，被广泛应用于办公自动化、数据管理、财务统计等领域"。下面，我们一起来寻找一下生活中的 Excel。

某村村主任准备登记全村村民的基本信息，怎么办？不怕不怕，Excel 来帮你，一份包含村民姓名、性别、身份证号、家庭地址、联系电话等基本信息的村民档案表送给你！

孩子正在学乘法，怎么办？不急不急，Excel 来帮你，一张乘法口诀表送给你！

领导让我对本厂职工的收入状况进行统计以了解员工的收入状况，怎么

办？不慌不慌，Excel来帮你，一张工资收入统计表送给你！

某厂销售部门要对全年在各地销售的产品进行市场分析，为本厂下一年度的经营规划提供依据，怎么办？不忙不忙，Excel来帮你，一张图文并茂、生动形象的分析图表送给你！

……

Excel的应用遍布生活的角角落落，让我们一起开启Excel的快乐之旅吧！

4.2 制作电子表格

 学习任务

熟练掌握Excel工作表中数据的输入、填充与编辑；掌握Excel工作表的格式化方法，包括Excel格式化工具的使用、数字格式的设置及样式的使用；掌握Excel工作表的页面设置、页眉和页脚的插入及打印功能；了解Excel工作表美化的相关知识。

 动手实践

通过在Excel 2013工作表中输入并编辑文字和数据、格式化表格、页面设置等，完成如图4-7所示Excel表格。

序号	职工号	姓名	部门	基本工资	绩效工资	应发工资	代扣水电费	实发工资
				城北村罐头厂2015年5月工资发放一览表				
1	01	李冉冉	办公室	¥1,550.00	¥780.00		¥35.00	
2	14	刘东方	生产车间	¥1,380.00	¥600.00		¥43.00	
3	27	江姗	生产车间	¥1,650.00	¥350.00		¥25.00	
4	40	张华	生产车间	¥1,800.00	¥550.00		¥51.00	
5	53	刘军	生产车间	¥1,770.00	¥630.00		¥43.00	
6	66	李丽	销售科	¥1,300.00	¥1,200.00		¥34.00	
7	79	刘洪波	销售科	¥1,600.00	¥980.00		¥33.00	

图4-7 动手实践效果图

步骤01 启动Excel 2013，新建空白工作簿，并保存文件"城北村罐头厂2015年5月工资发放一览表.xlsx"到D盘中。

步骤02 在Sheet1工作表中，单击单元格A1，输入文字"城北村罐头厂2015年5月工资发放一览表"并回车。用同样的方法在单元格A3及其他单元格中输入内容，如图 4-8 所示。

	A	B	C	D	E	F	G	H	I
1	城北村罐头厂2015年5月工资发放一览表								
2									
3	序号	职工号	姓名	部门	基本工资	绩效工资	应发工资	代扣水电费	实发工资
4			李冉冉		1550	780		35	
5			刘东方		1380	600		43	
6			江姗		1650	350		25	
7			张华		1800	550		51	
8			刘军		1770	680		43	
9			李丽		1300	1200		34	
10			刘洪波		1600	980		33	
11									

图 4-8 输入文字

步骤 03 选择单元格区域 A1:I1 并合并单元格。

步骤 04 在 A4 单元格中输入数字"1"，把鼠标移动到 A4 单元格的右下角，当鼠标变为实心十字形时，按住 Ctrl 键，鼠标变为"＋⁺"形，拖动鼠标到 A10 单元格的下边框并松开鼠标，单元格区域 A5:A10 分别被填充数字"2-7"。

步骤 05 选择列 B，单击【开始】选项卡〖单元格〗功能组中的"格式"按钮，在下拉列表中单击"设置单元格格式..."选项，弹出"设置单元格格式"对话框；在"数字"选项卡中，选择"分类"列表框中的"文本"选项，单击"确定"按钮。

步骤 06 在单元格 B4 中输入"01"，在单元格 B5 中输入"14"，并选择单元格区域 B4:B5；把鼠标移动到 B5 单元格的右下角，当鼠标变为实心十字时，拖动鼠标到 B10 单元格的下边框并松开鼠标，单元格区域 B6:B10 分别被等差填充文本数值"27、40、53、66、79"。

步骤 07 在 D4 单元格中输入文字"办公室"，在 D5 单元格中输入文字"生产车间"；选择单元格 D5 并右击，在弹出的快捷菜单中选择"复制"命令；拖动选择单元格区域 D6:D8 并右击，在弹出的快捷菜单中选择"粘贴"命令；在 D9 单元格中输入文字"销售科"，把鼠标移动到 D9 单元格的右下角，当鼠标变为实心十字时，拖动鼠标到 D10 单元格的下边框并松开鼠标，D10 单元格被填充文字"销售科"。

步骤 08 选择单元格区域 E4:I10，在"设置单元格格式"对话框中设置数字格式为"货币"，小数位数为"2"，货币符号为"¥"。

步骤 09 将鼠标移动到整个工作表的左上角并单击，在【开始】选项卡〖对齐方式〗功能组中设置文字的对齐方式为"水平居中""垂直居中"，字体为"宋体"，字号为"12"。

步骤 10　选择合并单元格 A1，单击【开始】选项卡〖样式〗功能组样式列表中的"标题"样式。

步骤 11　选择单元格区域 A3:I3，设置文字为"加粗"；单击【开始】选项卡〖字体〗功能组中的"填充颜色"按钮 右侧的小三角，在下拉的"主题颜色"列表中选择"白色，背景 1，深色 5%"。

步骤 12　连续选中行 3 至行 10 的所有行，单击【开始】选项卡〖单元格〗功能组中的"格式"按钮，在下拉列表中单击"行高 ..."，在弹出的"行高"对话框中输入"18"。

步骤 13　连续选中列 C 至列 I 的所有列，单击【开始】选项卡〖单元格〗功能组中的"格式"按钮，在下拉列表中单击"列宽 ..."，在弹出的"列宽"对话框中输入"12"。

步骤 14　选择单元格区域 A3:I10，单击【开始】选项卡〖字体〗功能组中的"边框"按钮 右侧的小三角，在下拉的"边框"列表中选择"所有边框"；单击【开始】选项卡〖单元格〗功能组中的"格式"按钮，在下拉列表中单击"设置单元格格式 ..."选项，在弹出的"设置单元格格式"对话框中选择"边框"选项卡，选择线条样式为"双线条"并单击"预置"中的"外边框"按钮，如图 4-9 所示；单击"确定"按钮。

图 4-9　设置外边框

步骤 15　选择单元格区域 F4:F10，单击【开始】选项卡〖样式〗功能组"条件格式"按钮下拉列表"突出显示单元格规则"中的"大于..."选项，在弹出的"大于"对话框中"为大于以下值的单元格设置格式："文本框中输入数值"600"，在"设置为"下拉列表中，选择"浅红填充色深红色文本"的文本格式并单击"确定"按钮。

步骤 16　单击【页面布局】选项卡〖页面设置〗功能组中的"页边距"按钮，在下拉列表中单击"自定义边距..."选项，在弹出的"页面设置"对话框的"页边距"选项卡中设置居中方式为"水平、垂直都居中"，在"页面"选项卡中设置方向为"横向"，纸张大小为"A4"；单击"确定"按钮。

步骤 17　保存文件。

 基础知识

4.2.1　数据的输入与编辑

1. 输入数据

在 Excel 2013 中，单元格中的数据可以是文本、数字、公式、日期、图形、图像等多种类型。在单元格中输入数据，首先，选中要输入数据的单元格。其次，在该单元格中输入数据。如果单元格中的数据需要换行，可同时按下 Alt 和 Enter 键。最后，输入完成后，按 Enter 键或单击工作表中的任意其他单元格，确认输入。

（1）输入文本。Excel 中的文本是指字符、数字及特殊符号的组合。默认情况下，单元格中输入的文本是左对齐。

当输入的文本超过单元格宽度时，默认情况下，若右侧相邻单元格中没有数据，超出的文本会延伸到右侧的单元格中显示；若右侧单元格中已有数据，超出的文本将被隐藏。可以通过加大列宽或设置单元格为自动换行的方式，显示单元格中的全部内容。设置单元格自动换行的方法为：首先，选中单元格；其次，单击【开始】选项卡〖单元格〗功能组"格式"按钮下拉列表中的"设置单元格格式..."选项，在弹出的"设置单元格格式"对话框中选择"对齐"选项卡，在"文本控制"列表中选择"自动换行"选项并单击"确定"按钮。

有时需要在单元格中输入纯数字文本，如输入"012"。默认情况下，如果在单元格中直接输入，Excel 会自动去掉数字前面的"0"，正确的输入方法是在数字前添加一个英文单引号"'",如"'012"。输入完成后，单元格左上角会出现一个绿色的三角标记，且单元格内容左对齐。

（2）输入数值。在 Excel 中输入数值，选中单元格后直接输入即可。默认情况下，单元格中输入的数值是右对齐。

当数值的数字长度超过 11 位时，将以科学计数法形式表示，如"8.23E + 12"。当单元格列宽太小不能完全显示数据时，将以符号"####"的形式表示。

在 Excel 中输入日期和时间也是有固定格式要求的。输入日期时，用"/"或"−"分割日期的各部分（如 1980/5/12）；输入时间时，用"："分隔时间的各部分（如 20:12:12）。如果要在同一个单元格中同时输入日期和时间，必须在两者之间加一个空格。

2. 填充数据

使用填充功能最常用的方法是将鼠标移动到单元格或单元格区域的右下角小黑方框处，当鼠标指针变为实心十字时，按住鼠标左键拖动，当拖动到填充区域的最后一行时，释放鼠标。

（1）填充相同的数据。首先，选中需填充数据的第一个单元格并输入数据，如"男"；其次，将鼠标移动到该单元格的右下角，当鼠标指针变为实心十字时，拖动鼠标填充即可。

（2）填充等差数据。首先，在需填充区域的前两个单元格中输入等差数据的前两个数值，并同时选中已输入数值的单元格；其次，将鼠标移动到选中单元格区域的右下角，当鼠标指针变为实心十字时，拖动鼠标填充。

（3）使用"序列"对话框输入序列。使用"序列"对话框可在单元格区域中输入不同类型的数据序列，如等差、等比、日期和自动填充。首先，选中需填充区域的第一个单元格（如 A1），并在单元格中输入数据序列中的初始值；其次，选中填充区域（如 A1:A10）；最后，单击【开始】选项卡〖编辑〗功能组中的"填充"按钮，在下拉列表中单击"序列"选项，打开"序列"对话框，如图 4-10 所示。设置"序

图 4-10　"序列"对话框

列产生在""类型"和"步长值"选项并单击"确定"按钮。

（4）填充自定义序列数据。Excel 提供了一些用于序列数据自动填充的常用序列，如"星期一、星期二……""甲、乙、丙……"等。除此以外，用户还可以通过单击【文件】选项卡中的"选项"按钮打开"Excel 选项"对话框，在"高级"设置的"常规"选项组中自定义列表，如"第一名、第二名……"等。

3. 编辑数据

要修改或删除整个单元格的数据可以选中单元格重新输入数据或直接按 Delete 键删除。

要删除单元格中的部分数据，首先，双击单元格；其次，当单元格进入编辑状态时，移动光标到适当的位置修改数据或通过选中单元格后，在编辑栏中修改数据。

要复制或移动单元格的数据可以通过剪贴板的"复制"或"剪切"与"粘贴"功能组合完成。

4.2.2 设置单元格格式

为使工作表满足不同需要，可以对工作表和单元格的格式进行设置，如设置数字分类、对齐方式、字体、边框和底纹等。Excel 单元格格式的设置，首先，选择要进行格式化的单元格或单元格区域；其次，通过 Excel 的格式化工具设置单元格格式。Excel 的格式化工具主要位于【开始】选项卡的〖字体〗〖对齐方式〗〖数字〗〖样式〗〖单元格〗功能组中，如图 4-11 所示。以下讲解不同于 Word 的 Excel 格式设置。

图 4-11　格式化工具

1. 设置数字格式

在 Excel 中，数字值通常不只是数字，它可以代表货币、日期、百分数或其他值。Excel 提供了常规、数值、货币、会计专用、日期、时间、百分比、分数、科学计数、文本、特殊和自定义等多种数字格式。

设置数字格式可以通过单击〖数字〗功能组中的按钮图标完成，也可以通过单击〖数字〗功能组的"对话框启动器"按钮 ，在弹出的"设置单元格格式"对话框的"数字"选项卡中设置，如图4-12所示。

图4-12 "设置单元格格式"对话框

2.使用样式

在〖样式〗功能组中可以设置"条件格式""套用表格格式"和"单元格样式"。

（1）条件格式。条件格式用来突出显示所关注的单元格或单元格区域，强调异常值，使用数据条、颜色刻度和图标集来直观地显示数据。

条件格式的设置，首先，选择需要设置条件格式的单元格区域；其次，通过选择〖格式〗功能组"条件格式"按钮下拉列表中的某种条件格式，如"突出显示单元格规则"或"项目选取规则"选项，在弹出的设置对话框中设置完成。

当不需要某个条件格式时，可以通过清除规则将其清除。方法是：选择要清除规则的单元格区域，单击〖格式〗功能组"条件格式"按钮下拉列表"清除规则"中的"清除所选单元格的规则"或"清除整个工作表的规则"选项即可。

（2）套用表格格式。Excel 2013提供了多种工作表外观格式，直接套用这些格式，既可以使工作表变得规范美观，又可以提高工作效率。

要套用表格格式，首先，选择需套用格式的表格区域；其次，单击〖样式〗功能组中的"套用表格格式"按钮，在下拉列表中选择一种表格样式；最后，在弹出的"套用表格式"对话框中，设置"表数据的来源"或选择默认值，设置"表包括标题"选项，单击"确定"按钮。

（3）单元格样式。要快速设定单元格格式，可以使用单元格样式进行设置。选中要设置格式的单元格或单元格区域，单击〖样式〗功能组中的某种"单元格样式"即可。

4.2.3　页面设置和打印

1. 页面设置

在打印制作完成的 Excel 之前，为了得到满意的打印输出效果，可以通过【页面布局】选项卡〖页面设置〗功能组中的相关按钮对页面进行设置，如设置页边距、纸张方向、纸张大小等。如果要进行更详细的设置，可以单击【页面布局】选项卡〖页面设置〗功能组的"对话框启动器"按钮，在"页面设置"对话框中设置。

2. 插入页眉和页脚

Excel 2013 内置了多种格式的页眉和页脚，用户可以选用或自定义页眉和页脚效果，以及设置页眉和页脚的首页不同、奇偶页不同等。

可以在"页面设置"对话框的"页眉/页脚"选项卡（图 4-13）中设置页眉和页脚。

图 4-13　"页面设置"对话框的"页眉/页脚"选项卡

也可以通过单击【插入】选项卡〖文本〗功能组中的"页眉和页脚"按钮，使用"页眉和页脚工具"的【设计】选项卡（图4-14）中的功能按钮在工作表中插入和编辑页眉和页脚。

图4-14　"页眉和页脚工具"的【设计】选项卡

3. 打印

Excel表格的打印是通过【开始】选项卡中的"打印"命令完成的。在"打印"设置页面中，可以设置打印的份数、范围、顺序、纸张的方向、大小、边距以及有无缩放等信息。在"打印"窗口右侧的预览区域中还可以直接预览打印效果。

在Excel中，默认情况下，打印是打印整个当前活动工作表的内容。但是，在Excel实际的使用过程中，常常需要打印工作表中的某个单元格区域。要打印工作表中的某个单元格区域有两种方法。第一种方法是：先选择单元格区域，然后在"打印"设置页面的"设置"列表中选择"打印选定区域"选项。第二种方法是：首先，选择单元格区域；其次，单击【页面布局】选项卡〖页面设置〗功能组中的"打印区域"按钮，在下拉列表中单击"设置打印区域"；最后，单击【开始】选项卡中的"打印"命令，设置打印相关参数后，单击"打印"按钮。

4.2.4　美化工作表

Excel 2013提供了丰富的修饰美化表格的功能，如插入图片、形状、SmartArt、屏幕截图、艺术字等。通过这些功能，能使表格更美观，更具生动、直观的表现力。由于上述对象的创建与编辑方法与其在Word中的操作方法基本相同，此处不再展开叙述。

拓展知识

使用 Excel 表格专业素质之基础常识篇

规范的表格体现精益求精的工作态度，表格基础常识勿忽视。

1. 同一工作表只放一张表格，至少要做到两张表不平行排列。

2. 同一类数据要在同一工作表中，不要分表保存。

3. 同一类工作表要放在同一个工作簿中，同一类工作簿要放在同一个文件夹里。

4. 不要通过插入空格来排版，如姓名间有空格或以空格换行。

5. 各记录间不能有空行或空列，不能有小计、合计行。

6. 尽量不要使用合并单元格，清单型表格中禁止使用。

7. 不要使用中国传统的斜线标题，避免使用多行表头。

8. 有列标题且列标题不重名、非数字。

9. 同一列为同一数据类型，且保证各列数据格式的规范性。

10. 主要字段排在前面，以方便查找引用数据，且同字段不分列记录。

4.3 数据处理

学习任务

了解 Excel 中公式、运算符、单元格引用及函数的相关概念；熟练掌握公式的输入方法和常用函数的使用；掌握通过排序、筛选和分类汇总进行数据处理的方法。

动手实践

在图 4-7 工作表的基础上，将应发工资和实发工资补充完整；将工作表数据按"应发工资"升序排列；筛选出应发工资大于 2000 的数据；按部门、实发工资最大值分类汇总。

步骤 01 选择单元格 G4，单击【开始】选项卡〖编辑〗功能组中的"自动求和"按钮，在 G4 单元格中自动生成公式"=SUM（E4:F4）"，按 Enter 键确认。

步骤 02 继续选择单元格 G4，把鼠标移动到 G4 单元格的右下角，当鼠标变为实心十字时，拖动鼠标至 G10 单元格的下边框并释放鼠标。

步骤 03　在单元格 I4 中输入公式"=G4-H4"并按 Enter 键确认。

步骤 04　用步骤 02 的方法，填充单元格区域 I5:I10 的数据。

步骤 05　设置单元格区域 A3:I10 的外边框为"双实线"，结果如图 4-15 所示。

序号	职工号	姓名	部门	基本工资	绩效工资	应发工资	代扣水电费	实发工资
1	01	李冉冉	办公室	¥1,550.00	¥780.00	¥2,330.00	¥35.00	¥2,295.00
2	14	刘东方	生产车间	¥1,380.00	¥600.00	¥1,980.00	¥43.00	¥1,937.00
3	27	江姗	生产车间	¥1,650.00	¥350.00	¥2,000.00	¥25.00	¥1,975.00
4	40	张华	生产车间	¥1,800.00	¥550.00	¥2,350.00	¥51.00	¥2,299.00
5	53	刘军	生产车间	¥1,770.00	¥680.00	¥2,450.00	¥43.00	¥2,407.00
6	66	李丽	销售科	¥1,300.00	¥1,200.00	¥2,500.00	¥34.00	¥2,466.00
7	79	刘洪波	销售科	¥1,600.00	¥980.00	¥2,580.00	¥33.00	¥2,547.00

城北村罐头厂2015年5月工资发放一览表

图 4-15　公式与函数结果图

步骤 06　选择单元格 G3，单击【开始】选项卡〖编辑〗功能组中的"排序和筛选"按钮，在下拉列表中选择"升序"选项，结果如图 4-16 所示。

序号	职工号	姓名	部门	基本工资	绩效工资	应发工资	代扣水电费	实发工资
2	14	刘东方	生产车间	¥1,380.00	¥600.00	¥1,980.00	¥43.00	¥1,937.00
3	27	江姗	生产车间	¥1,650.00	¥350.00	¥2,000.00	¥25.00	¥1,975.00
1	01	李冉冉	办公室	¥1,550.00	¥780.00	¥2,330.00	¥35.00	¥2,295.00
4	40	张华	生产车间	¥1,800.00	¥550.00	¥2,350.00	¥51.00	¥2,299.00
5	53	刘军	生产车间	¥1,770.00	¥680.00	¥2,450.00	¥43.00	¥2,407.00
6	66	李丽	销售科	¥1,300.00	¥1,200.00	¥2,500.00	¥34.00	¥2,466.00
7	79	刘洪波	销售科	¥1,600.00	¥980.00	¥2,580.00	¥33.00	¥2,547.00

城北村罐头厂2015年5月工资发放一览表

图 4-16　排序结果

步骤 07　选择单元格区域 A3:I10，单击【开始】选项卡〖编辑〗功能组中的"排序和筛选"按钮，在下拉列表中选择"筛选"选项。单击"应发工资"右侧的小三角，在打开的窗口中依次选择"数字筛选""大于..."选项，并在弹出的"自定义自动筛选方式"对话框中设置应发工资大于"2000"，单击"确定"按钮完成筛选，结果如图 4-17 所示。

步骤 08　单击【开始】选项卡〖编辑〗功能组中的"排序和筛选"按钮，在下拉列表中选择"清除"选项。

序号	职工号	姓名	部门	基本工资	绩效工资	应发工资	代扣水电费	实发工资
1	01	李冉冉	办公室	¥1,550.00	¥780.00	¥2,330.00	¥35.00	¥2,295.00
4	40	张华	生产车间	¥1,800.00	¥550.00	¥2,350.00	¥51.00	¥2,299.00
5	53	刘军	生产车间	¥1,770.00	¥680.00	¥2,450.00	¥43.00	¥2,407.00
6	66	李丽	销售科	¥1,300.00	¥1,200.00	¥2,500.00	¥34.00	¥2,466.00
7	79	刘洪波	销售科	¥1,600.00	¥980.00	¥2,580.00	¥33.00	¥2,547.00

表格标题：城北村罐头厂2015年5月工资发放一览表

图 4-17　筛选结果

步骤 09　单击【开始】选项卡〖编辑〗功能组中的"排序和筛选"按钮，在下拉列表中选择"自定义排序"选项，在弹出的"排序"对话框中做如下设置：选择"数据包含标题"前的复选框；在"主要关键字"右侧的下拉列表中选择"部门"；单击"添加条件"按钮，并在新增的"次要关键字"右侧的下拉列表中选择"实发工资"；保持其他选项不变，单击"确定"按钮。

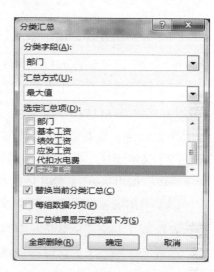

图 4-18　"分类汇总"对话框

步骤 10　单击【数据】选项卡〖分级显示〗功能组中的"分类汇总"按钮，在弹出的"分类汇总"对话框中设置参数如图 4-18 所示。结果如图 4-19 所示。

序号	职工号	姓名	部门	基本工资	绩效工资	应发工资	代扣水电费	实发工资
1	01	李冉冉	办公室	¥1,550.00	¥780.00	¥2,330.00	¥35.00	¥2,295.00
			办公室 最大值					¥2,295.00
2	14	刘东方	生产车间	¥1,380.00	¥600.00	¥1,980.00	¥43.00	¥1,937.00
3	27	江姗	生产车间	¥1,650.00	¥350.00	¥2,000.00	¥25.00	¥1,975.00
4	40	张华	生产车间	¥1,800.00	¥550.00	¥2,350.00	¥51.00	¥2,299.00
5	53	刘军	生产车间	¥1,770.00	¥680.00	¥2,450.00	¥43.00	¥2,407.00
			生产车间 最大值					¥2,407.00
6	66	李丽	销售科	¥1,300.00	¥1,200.00	¥2,500.00	¥34.00	¥2,466.00
7	79	刘洪波	销售科	¥1,600.00	¥980.00	¥2,580.00	¥33.00	¥2,547.00
			销售科 最大值					¥2,547.00
			总计最大值					¥2,547.00

表格标题：城北村罐头厂2015年5月工资发放一览表

图 4-19　"分类汇总"结果图

基础知识

4.3.1 公式

公式是在工作表中对数据进行分析处理的等式。公式以等号开始，等号后面是参与计算的运算数和运算符。在 Excel 中，公式中的所有运算符、等号、逗号、括号等都必须使用英文半角字符。

1. 运算符

Excel 中包含四种运算符：算数运算符、比较运算符、文本连接运算符和引用运算符。

（1）算数运算符：用于完成基本的算数运算，包括加（＋）、减（－）、乘（×）、除（/）、乘方（^）和百分比（％）。

（2）比较运算符：用于两个数据的比较，比较结果将产生逻辑值 TRUE 或 FALSE。比较运算符包括大于（＞）、等于（＝）、小于（＜）、大于等于（＞=）、小于等于（＜=）和不等于（＜＞）。

（3）文本连接运算符（＆）：用于将两个或多个文本连接在一起，形成一个字符串，如 "Excel" ＆ "2013" 的结果为 Excel2013。

（4）引用运算符：用于指定单元格区域范围，包括区域运算符（:）、联合运算符（,）和交集运算符（空格）。

区域运算符（:）：区域运算符表示单元格区域中的所有单元格，如 A1:A5 表示单元格 A1 至 A5 的所有单元格。

联合运算符（,）：联合运算符表示将多个引用合并为一个引用，如 A1:A5 B1:B5 表示 A1 至 A5、B1 至 B5 的所有 10 个单元格。联合运算符通常用于不连续单元格的引用。

交集运算符（空格）：交集运算符表示几个单元格区域所共有的单元格，如 A1:C5 B1:D2 表示单元格区域 A1:C5 与 B1:D2 共有的单元格 B1、C1、B2 和 C2。

2. 运算符优先级

当公式中同时使用了多个运算符，运算顺序将按运算符的优先级从高到低（引用运算符、负数、百分比、乘方、乘和除、加和减、文本运算符、比较运算符）进行计算。当公式中包含了相同优先级的运算符，则按照从左到右的原则进行计算。若想更改运算顺序，可以将公式中要先计算的部分用括号括起来。

3. 公式的输入

公式的输入和普通文本基本相同，差别仅在于公式必须以等号（=）开始，且应符合语法规则。公式输入后，单元格将显示公式的计算结果，而公式内容将在编辑栏中显示。

4.3.2　单元格引用

单元格引用是用来指定工作表中的单元格或单元格区域，并在公式中使用该单元格或单元格区域的数据。

通过单元格引用，可以在公式中使用同一工作表中的单元格数据、同一工作簿不同工作表的单元格数据以及不同工作簿中的单元格数据。其中，同一工作表中的单元格数据引用直接用该单元格地址或名称表示，如 A3。同一工作簿中不同工作表的单元格数据引用需在该单元格地址或名称前加上工作表名，并以"！"分割，如"Sheet2！A3"。不同工作簿中的单元格数据，需在该单元格地址或名称前加上工作簿和工作表名，其中，工作簿用"［］"括起来，如"［工作簿 1］Sheet2！A3"。

根据公式所在单元格位置发生变化时单元格引用的变化情况，可以把单元格引用分为相对引用、绝对引用和混合引用三种类型。

在相对引用中，引用随单元格位置的改变而改变。相对引用的表示方法为直接书写单元格或单元格区域的地址，如 C2。默认情况下，新公式使用相对引用。

在绝对引用中，引用始终保持固定值，不受单元格位置的影响。绝对引用的表示方法为在单元格地址的列标和行号前加"$"符号，如 C2。

混合引用是在单元格或单元格区域地址中，行或列只能有一个使用绝对引用，另一个必须使用相对引用，如 $B2。

4.3.3　函数

函数是 Excel 中预定义的公式，通过使用一些参数按照特定的顺序或结构执行计算。Excel 2013 提供了大量的函数，熟练使用函数可以大大提高计算速度和准确率。

1. 函数的一般格式

函数的一般格式为：函数名称（参数 1, 参数 2,……, 参数 n）

127

其中，每个函数都有特定的参数要求，可以是一个，也可以是多个，或者不需要参数。参数可以是数字、文本等，也可以是常量、公式或其他函数。

例如，求和函数 SUM，它的函数格式为：SUM（number1, number2,……）它的功能是：计算单元格区域中所有数值的和。

如果把单元格公式"=A1 + A2 + A3"用函数计算来表示，则可以把公式修改为"=SUM（A1,A2,A3）"。

2. 常用函数

Excel 2013 中预置了大量的函数，包括数学和三角函数、统计函数、逻辑函数、财务函数、日期和时间函数、查找与引用函数、数据库函数、文本函数等。其中，常用函数有 AVERAGE（求一组数据的平均值）、COUNT（求一组数据数字项的个数）、MAX（求一组数值中的最大值）、MIN（求一组数值中的最小值）、SUM（求一组数值的和）、IF（执行真假值判断，并根据判断返回不同的结果）等。

3. 函数的输入

在 Excel 2013 中输入函数的常用方法有以下三种。

（1）使用功能区选择函数。首先，选择要输入公式的单元格。其次，单击【公式】选项卡〖函数库〗功能组中的函数类别按钮，如单击"自动求和"按钮，在下拉列表中选择所需选项，如"求和"，此时，系统将自动产生公式和计算范围。如果系统自动产生的计算范围不是所要计算的区域，可以通过鼠标重新选择计算区域。最后，按 Enter 键完成函数的输入，并显示计算结果。

（2）使用"插入函数"对话框输入函数。首先，选择要输入公式的单元格；其次，单击【公式】选项卡〖函数库〗功能组中的"插入函数"按钮，打开"插入函数"对话框；最后，在"插入函数"对话框中选择函数类型，并在弹出的"函数参数"对话框中设置函数参数，单击"确定"按钮。

（3）直接在单元格中输入函数。如果对所用函数十分熟悉，可以选中要输入函数的单元格，直接输入函数，按 Enter 键即可。

4.3.4　数据的排序、筛选与分类汇总

1. 排序

排序是一种按照特定的顺序，将工作表中指定的数据重新排列的操作，是数据管理分析的一项经常性工作。数据的排序，除了可以通过【开始】选项卡

〖编辑〗功能组中的"排序和筛选"按钮完成，还可以通过【数据】选项卡〖排序和筛选〗功能组中的命令实现。

（1）简单排序。简单排序是最简单，也是最常用的排序方法，是根据工作表中某一列的数据对整个工作表进行升序或降序排列。

利用【数据】选项卡〖排序和筛选〗功能组中提供的"升序"和"降序"按钮，可以对数据进行简单排序。首先，单击数据列表中排序依据的字段名，如图 4-7 所示表格中的 E3 单元格（基本工资）；其次，单击"升序"或"降序"按钮。此时，整个表格的数据按"基本工资"的高低从低到高或从高到低的顺序自动排序。

升序与降序遵循以下原则。

升序：按字母表顺序从前向后、数值从小到大、日期从早到晚的顺序进行排序。

降序：按字母表顺序从后向前、数值从大到小、日期从晚到早的顺序进行排序。

（2）复杂排序。简单排序只能按照单个字段名的内容进行排序。当该列中有多个相同数据时，就需要用到复杂排序。方法是：选中要排序的单元格区域，单击【数据】选项卡〖排序和筛选〗功能组中的"排序"按钮，在打开的"排序"对话框中分别设置"数据是否包含标题""主要关键字"与"次要关键字"的排序依据和次序等，并单击"确定"按钮。

2. 筛选

数据筛选是将符合用户指定条件的内容显示出来，而将不符合用户指定条件的内容隐藏。在 Excel 2013 中提供了自动筛选、自定义筛选和高级筛选三种筛选数据的方法。与排序一样，数据的筛选除了可以通过【开始】选项卡〖编辑〗功能组中的"排序和筛选"按钮完成，还可以通过【数据】选项卡〖排序和筛选〗功能组中的命令实现。以下讲解自动筛选、自定义筛选和清除筛选的操作方法。

（1）自动筛选。首先，在工作表中选择需要筛选的单元格区域；其次，单击【数据】选项卡〖排序和筛选〗功能组中的"筛选"按钮，此时，在数据列表中的每个字段名的右侧均会出现一个下三角按钮；最后，单击所需字段名右侧的下三角按钮，在打开的窗口中取消"全选"左侧的复选框并勾选筛选条件，单击"确定"按钮。

（2）自定义筛选。当自动筛选不能满足用户需要时，可以进行自定义筛选。

首先，在工作表中选择需要筛选的单元格区域；其次，单击【数据】选项卡〖排序和筛选〗功能组中的"筛选"按钮；最后，单击所需字段名右侧的下三角按钮，在打开的窗口中选择"文本筛选"或"数字筛选"，在其子列表中选择某一自定义选项，并在弹出的"自定义自动筛选方式"对话框中设置筛选条件，单击"确定"按钮完成筛选。

（3）清除筛选。要清除筛选，单击【开始】选项卡〖编辑〗功能组"排序和筛选"按钮下拉列表中的"清除"选项或【数据】选项卡〖排序和筛选〗功能组中的"清除"按钮。

3. 分类汇总

分类汇总是将大量数据根据字段名称进行分类，并将同类别的数据放在一起，然后再通过汇总函数（如求和、计数、平均值等）进行计算，并将计算结果分组显示。数据的分类汇总可以通过【数据】选项卡〖分级显示〗功能组中的"分类汇总"命令完成。

在创建分类汇总前，首先，对数据列表中需要分类汇总的字段进行排序；其次，单击【数据】选项卡〖分级显示〗功能组中的"分类汇总"按钮，打开"分类汇总"对话框；最后，在对话框中分别设置"分类字段""汇总方式""选定汇总项"等，单击"确定"按钮。

当不需要分类汇总时，还可以将其删除。选择分类汇总数据列表中的任一单元格，在"分类汇总"对话框中，单击"全部删除"按钮即可。

拓展知识

使用 Excel 表格专业素质之数据分析篇

规范的表格体现专业素质，数据分析须牢记。

1. 需通过计算得出结果的单元格要尽量使用公式，而不是直接填结果。

2. 其他表已有的数据要通过公式引用到表格。

3. 不要大范围使用数据有效性、条件格式和数组公式。

4. 遵循效用最大化原则，选用最快捷、最高效的方法进行数据加工。

5. 坚持实用性原则，灵活使用辅助单元格，化繁为简。

6. 注意保护工作表，防止误操作破坏公式与数据。

7. 数据加工使用的公式要有良好的可扩展性, 方便修改。

8. 表格名称应规范、有规律。

9. 单元格引用时, 应正确使用相对引用与绝对引用, 以便使用鼠标填充公式。

4.4 制作图表

 学习任务

了解图表的类型; 掌握迷你图的创建和编辑; 熟练掌握标准图表的创建和编辑。

 动手实践

制作罐头厂 1 ~ 6 月在地区 1 ~ 4 中的销售情况一览表, 并根据销售数据创建带数据表的"簇状条形图"。

步骤 01 创建并保存"罐头销售情况一览表.xlsx"文件, 工作表数据如图 4-20 所示。

时间	地区1	地区2	地区3	地区4	总计	迷你图
1月	¥50,500.00	¥50,400.00	¥50,300.00	¥50,600.00	¥201,800.00	
2月	¥50,200.00	¥50,800.00	¥50,400.00	¥50,300.00	¥201,700.00	
3月	¥50,400.00	¥50,500.00	¥50,000.00	¥50,400.00	¥201,300.00	
4月	¥51,000.00	¥51,300.00	¥50,600.00	¥50,700.00	¥203,600.00	
5月	¥52,000.00	¥51,300.00	¥51,000.00	¥50,500.00	¥205,300.00	
6月	¥52,600.00	¥51,800.00	¥51,900.00	¥51,000.00	¥207,300.00	
合计	¥306,700.00	¥306,600.00	¥304,200.00	¥303,500.00	¥1,221,000.00	

图 4-20 罐头销量情况一览表

步骤 02 选择单元格区域 A3:E9, 单击【插入】选项卡〖图表〗功能组的"对话框启动器"按钮, 在弹出的"插入图表"对话框中选择"所有图表"选项卡, 在图表类型列表中选择"条形图", 在右侧的子类型中选择"簇状条形图", 单击"确定"按钮。在 Excel 中插入图表如图 4-21 所示。

步骤 03 单击"图表标题", 并重新输入标题"罐头销售情况"。

步骤 04 选择图表, 单击图表右上方的"图表元素"按钮, 在打开的"图标元素"列表中选择"数据表", 效果如图 4-22 所示。

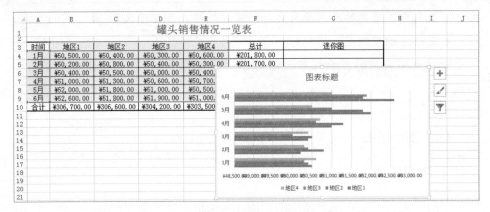

图 4-21　插入图表

图 4-22　添加"数据表"

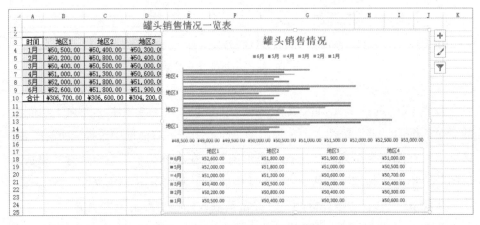

图 4-23　"切换行/列"效果

步骤 05 选择图表，单击图表右侧的"图表样式"按钮，在打开的"样式"列表中选择"样式 2"。

步骤 06 选择图表，并拖动图表的边缘，将图表适当放大。

步骤 07 选择图表，单击"图表工具"的【设计】选项卡〖数据〗功能组中的"切换行／列"按钮，效果如图 4-23 所示。

基础知识

4.4.1 图表概述

图表是工作表数据的图形表示，利用图表可以帮助用户增强对数据变化的理解。Excel 2013 提供了多种图表类型，不同类型的图表可以直观清晰地表达不同类型数据之间的关系、趋势变化以及比例分配等。

Excel 2013 提供了标准图表和迷你图表两种类型。在标准图表（图 4-24）中，包括柱形图、折线图、饼图、条形图、面积图、XY（散点图）、股价图、曲面图、雷达图、组合十种类型，其中每一种类型又包含多种子图表类型。

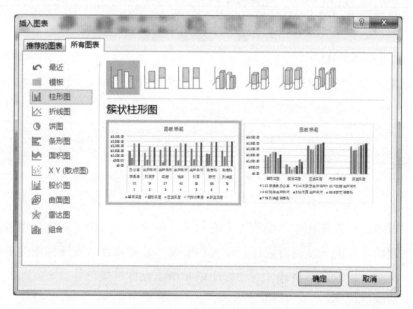

图 4-24 "插入图表"对话框

迷你图是在工作表单元格背景中嵌入的一个微型图表。迷你图有折线图、柱形图和盈亏图三种类型。折线图用来显示数据的变化趋势；柱形图用来显示数据的变化及比较关系；盈亏图用来显示数据的盈亏盈利。迷你图能够使数据以简捷直观的图形显示，并且，当数据发生变化时，迷你图也随之改变。

4.4.2 创建和设置迷你图

以下通过如图4-20所示的"罐头销量情况一览表"数据创建并编辑迷你图。

1.迷你图的创建

首先，选择要创建迷你图的数据区域B4:E10；其次，单击【插入】选项卡〖迷你图〗功能组中的"折线图"按钮，在打开的"创建迷你图"对话框中确定迷你图的"数据范围"为"B4:E10"，迷你图放置的"位置范围"为"G4:G10"，效果如图4-25所示。

	A	B	C	D	E	F	G
1				罐头销售情况一览表			
2							
3	时间	地区1	地区2	地区3	地区4	总计	迷你图
4	1月	¥50,500.00	¥50,400.00	¥50,300.00	¥50,600.00	¥201,800.00	
5	2月	¥50,200.00	¥50,800.00	¥50,400.00	¥50,300.00	¥201,700.00	
6	3月	¥50,400.00	¥50,500.00	¥50,000.00	¥50,400.00	¥201,300.00	
7	4月	¥51,000.00	¥51,300.00	¥50,600.00	¥50,700.00	¥203,600.00	
8	5月	¥52,000.00	¥51,800.00	¥51,000.00	¥50,500.00	¥205,300.00	
9	6月	¥52,600.00	¥51,800.00	¥51,900.00	¥51,000.00	¥207,300.00	
10	合计	¥306,700.00	¥306,600.00	¥304,200.00	¥303,500.00	¥1,221,000.00	

图4-25　"迷你图"效果

2.设置迷你图格式

创建迷你图后，会打开"迷你图工具"的【设计】选项卡，如图4-26所示。

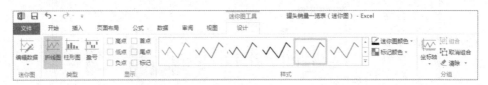

图4-26　"迷你图工具"的【设计】选项卡

可以通过〖迷你图〗〖类型〗〖显示〗〖样式〗〖分组〗功能组中的按钮对已创建的迷你图重新进行设计、设置和更改。还可以在含有迷你图的单元格中输入文本、设置文本格式、为迷你图单元格填充背景颜色等。

3.清除迷你图

要清除迷你图，选中要清除迷你图的单元格，单击"迷你图工具"的【设计】选项卡〖分组〗功能组中的"清除"按钮，在下拉列表中选择"清除所选的迷你图"或"清除所选的迷你图组"即可。

4.4.3　创建和编辑标准图表

1. 创建图表

Excel 2013 提供了多种创建图表的方法。直接单击【插入】选项卡〖图表〗功能组中的图表选项或单击〖图表〗功能组的"对话框启动器"按钮 ，在打开的"插入图表"对话框中选择一种图表类型创建图表。

2. 编辑图表

在 Excel 表格中创建图表后，可以通过图表右侧的"图表元素"按钮 、"图表样式"按钮 和"图表筛选器"按钮 对图表进行编辑，也可以通过功能更强大的"图表工具"的【设计】和【格式】选项卡对图表进行编辑。如图 4-27 所示。

图 4-27　"图表工具"的【设计】选项卡

通过"图表工具"的【设计】和【格式】选项卡可以添加图表元素、快速更改图表布局、更改图表颜色及使用图表样式、更新数据、更改图表类型、移动图表等，使图表更准确、合理地表达不同类型的数据关系。以下以更改图表类型为例介绍编辑图表的方法。

要更改图表类型，首先，选择图表；其次，单击"图表工具"的【设计】选项卡中的"更改图表类型"按钮，在弹出的"更改图表类型"对话框中重新选择图表类型即可。

拓展知识

Excel 表格制作知多少

当我们遇到按照时间、节点、名称等分类说明的文字内容时，经常会想起电子表格制作工具 Excel。那么，如何制作美观实用的 Excel 电子表格呢？

第一，字体大小要有规律。一个美观的 Excel 表格，字体大小务必要统一或者要有规律。

第二，颜色选择要合适。Excel 表格中的颜色不能选择过于刺眼的，更不

能大面积使用刺眼颜色，应尽量选择那些柔和的颜色。

第三，结果以图形表示出来。对于分析的一些数据，要将结果以图形形式展示出来，以便获得更好的信息传达和美的享受。

第四，数据分析过程中最好不合并单元格。数据分析时，合并单元格会对运算数据、排序等极为不利，可以等到结果处理结束后再合并单元格。

第五，字段设计要合理。字段设计不能太长或太短，概括要全面和恰当，汉字还是其他最好统一。

第六，表格排版要美观。对于那些表格范围太大，而且不得不分页表示的数据，可以采取多页表示。但如果一页可以容下，尽量通过表格设置将表格内容容纳在一页，并恰当设置横向和纵向的排列方式。

本章小结

Excel 2013 是电子表格处理软件，能够创建工作簿和工作表、进行多工作表间计算、利用公式和函数进行数据处理、修饰表格、创建图表等。本章首先讲解了 Excel 2013 电子表格从新建、编辑到保存的制作过程以及电子表格中工作簿、工作表、单元格等的基本操作；其次全面系统地讲述了 Excel 工作表中数据的输入与编辑、表格的格式化、页面设置及打印、公式与函数及数据处理的相关知识；最后介绍了根据工作表创建图表的方法。每节的内容都是通过一个综合案例引入，然后讲解基础知识，通过案例结合知识点的方式，灵活生动地展示了 Excel 2013 的使用方法和强大功能。通过学习本章内容，希望大家能够结合自己的实际工作，将 Excel 2013 有效应用到工作和生活中。

 课后练习

1. 简述工作簿、工作表、单元格的基本概念。

2. 简述工作表的基本操作及其操作方法。

3. 简述单元格、行和列的基本操作及其操作方法。

4. 简述在单元格区域中输入等比序列的操作步骤。

5. 如何在 Excel 2013 中设置数字格式？

6. 简述条件格式设置的基本步骤。

7. 如何打印工作表的选定区域？

8. 举例说明公式的输入方法。

9. 常用的单元格引用有几种，各有什么特点？

10. 列举 Excel 2013 的常用函数（至少五种），并说明其含义。

11. 如何在 Excel 2013 中进行多关键字排序？

12. 如何在 Excel 2013 中进行自定义筛选？

13. 如何在 Excel 2013 中创建和编辑迷你图？

14. 简述在 Excel 2013 中插入簇状柱形图表的基本步骤。

第 5 章　演示文稿软件 PowerPoint 2013 的使用

 学习目标

了解：PowerPoint 2013 的文件类型、相关概念与工作界面；幻灯片的母版设计；演示文稿的放映设置；演示文稿放映的指针选项及其应用；演示文稿的输出类型。

掌握：演示文稿的基本操作；演示文稿的主题设计；动作及动作按钮的设置；打印演示文稿讲义的方法。

熟练掌握：幻灯片的基本操作；在幻灯片中添加和编辑对象的方法；超链接的相关设置；幻灯片的切换方式；自定义动画的设置与应用；演示文稿在 PowerPoint 中的放映方法；演示文稿放映的基本控制方法。

PowerPoint 2013 是 Microsoft 公司开发的 Microsoft Office 2013 办公软件套装中用于制作幻灯片的一个重要组件。PowerPoint 2013 可以创建、演示组合了文本、图片、图形、图表、视音频、动画等各种内容的幻灯片，方便用户在工作、生活和学习中快速向他人介绍或演示自己的产品、设计、工作汇报、研究成果等，被广泛应用于商业广告、竞标文案、多媒体教学、会议演讲等各个领域中。

5.1　初识 PowerPoint 2013

 学习任务

　　了解 PowerPoint 2013 的文件类型、相关概念与工作界面；掌握演示文稿的新建、保存、打开和关闭；熟练掌握幻灯片的新建、选择、复制、隐藏、删除、移动以及幻灯片版式的修改方法。

动手实践

启动 PowerPoint 2013，新建 PowerPoint 演示文稿并观察 PowerPoint 2013 的工作界面；新建并编辑幻灯片，保存演示文稿，退出 PowerPoint 2013 应用程序。

步骤 01 打开"开始"菜单，依次单击"所有程序""Microsoft Office 2013""PowerPoint 2013"，如图 5-1 所示。

图 5-1 启动 PowerPoint 应用程序

步骤 02 启动 PowerPoint 2013 后，打开如图 5-2 所示窗口。单击"空白演示文稿"按钮，新建一个名为"演示文稿 1"的空白演示文稿。观察 PowerPoint 2013 的工作界面。

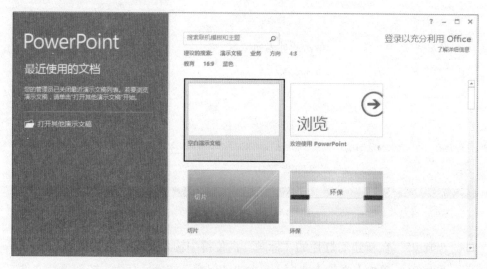

图 5-2 PowerPoint 2013 开始界面

步骤 03 单击第一张幻灯片的"标题"占位符，输入文字"工作汇报"，如图 5-3 所示。

图 5-3 输入文字

步骤 04 单击【开始】选项卡〖幻灯片〗功能组中的"新建幻灯片"按钮，新建一张幻灯片，如图 5-4 所示。

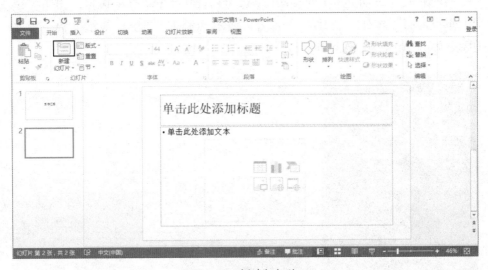

图 5-4 新建幻灯片

步骤 05 在新建幻灯片的"标题"占位符中输入文字"汇报提纲"。

步骤 06 单击【文件】选项卡，单击"保存"或"另存为"按钮保存文件。

步骤 07 单击"关闭"按钮 ×，退出 PowerPoint 2013 应用程序。

基础知识

5.1.1 PowerPoint 2013 概述

PowerPoint 2013 演示文稿系统是运行在 Windows 7 或更高版本 Windows 操作系统中 Microsoft Office 2013 用于设计、制作和展示幻灯片的重要组件。通过 PowerPoint 2013，用户不仅能够快速创建极具感染力的动态演示文稿，而且能够轻松共享信息，被广泛应用于面对面交流、网络会议等各种场合。一般情况下，PowerPoint 2013 可以通过 Office 2013 安装程序同 Office 2013 其他组件一起全新或升级安装。安装成功后，在"开始"菜单的"所有程序"中会增加一个"Microsoft Office 2013"菜单项，单击"Microsoft Office 2013"子菜单中的"PowerPoint 2013"即可启动应用程序。

1. 文件类型

由 PowerPoint 2013 创建的演示文稿文件默认扩展名为 .pptx。除了 .pptx 文件，PowerPoint 2013 还允许将文件保存为低版本演示文稿文件（.ppt）、PowerPoint 模板文件、PDF、RTF 等多种文件格式。

2. PowerPoint 2013 的工作界面

PowerPoint 2013 的工作界面不仅包括标题栏、快速访问工具栏、选项卡、功能区、工作区等，还包括 PowerPoint 特有的工作区域，如图 5-5 所示。

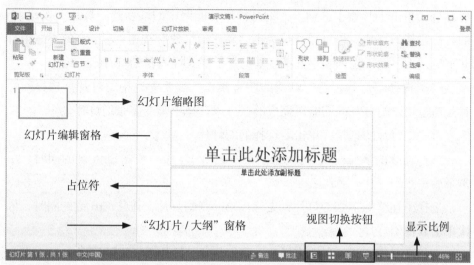

图 5-5　PowerPoint 2013 工作界面

（1）幻灯片编辑窗格：在这里叮以直接显示和编辑当前幻灯片。

（2）占位符：占位符是一种带有虚线或阴影线边缘的框，在占位符中可以键入文本，插入图片、图表及其他对象。

（3）视图切换按钮：PowerPoint 2013 提供了普通视图、幻灯片浏览视图、阅读视图和幻灯片放映四种视图模式。视图切换按钮用来在不同视图间切换。

普通视图是 PowerPoint 2013 的默认视图，有幻灯片和大纲两种形式。通过普通视图可以同时显示演示文稿的幻灯片、大纲和备注内容。幻灯片浏览视图可以方便地浏览整个演示文稿中各张幻灯片的整体效果，进行添加、删除、移动幻灯片等操作，但不能对幻灯片中的具体内容进行修改。阅读视图可以将幻灯片以适应窗口的大小在自己的电脑上显示。幻灯片放映视图可以直接放映幻灯片以查看演示文稿的放映效果。

5.1.2 演示文稿、幻灯片的基本操作

1. 演示文稿的基本操作

演示文稿的新建、保存、打开与关闭等基本操作继承了 Office 套件的共同特点，此处不再罗列。

2. 幻灯片的基本操作

（1）新建幻灯片。在制作幻灯片的过程中，新建幻灯片是一项基本操作。可以直接单击【开始】选项卡〖幻灯片〗功能组中的"新建幻灯片"按钮 📄 插入一张新幻灯片，也可以通过单击"新建幻灯片"按钮 📄 下方的小三角打开下拉列表，在下拉列表中选择一种幻灯片版式插入新幻灯片。

（2）选择幻灯片。对幻灯片的所有操作，都要先选中幻灯片。选择幻灯片是通过单击幻灯片的缩略图完成的，可以选择单张或多张幻灯片。

单张幻灯片的选择：单击要选择的幻灯片。

选择连续的多张幻灯片：先选择第一张幻灯片，按住 Shift 键的同时，单击最后一张幻灯片。

选择不连续的多张幻灯片：先选择第一张幻灯片，按住 Ctrl 键的同时，依次单击其他幻灯片。

选择所有幻灯片：先选中任意一张幻灯片，按住 Ctrl 键的同时按下 A 键。

（3）复制幻灯片。在幻灯片的制作过程中，如果要使用大量相同设计方

案的幻灯片，可以利用幻灯片的复制操作快速完成。复制的方法有多种，可以通过【开始】选项卡〖剪贴板〗功能组中的"复制"与"粘贴"命令按钮完成、通过"新建幻灯片"按钮  下拉列表中的"复制选定幻灯片"选项完成或通过鼠标右键快捷菜单中的"复制幻灯片"命令完成。

（4）隐藏幻灯片。当某些幻灯片在放映时不需要播放，但又不想删除时，可以隐藏幻灯片。在演示文稿的普通视图中，右击要被隐藏的幻灯片，在弹出的快捷菜单中单击"隐藏幻灯片"选项即可。若要取消隐藏，选中被隐藏的幻灯片，重复以上的操作。被隐藏的幻灯片编号中有"\"标记。

（5）删除幻灯片。选中要删除的一张或多张幻灯片，直接按键盘上的 Delete 键或单击右键快捷菜单中的"删除幻灯片"命令。

（6）移动幻灯片。移动幻灯片可以实现幻灯片顺序的重新调整。选中需要移动的幻灯片，按住鼠标左键不放，将其拖动到目的位置即可。可以移动一张或同时移动多张幻灯片。

（7）修改幻灯片版式。幻灯片版式包含幻灯片上显示的全部内容的格式设置、位置和占位符。PowerPoint 2013 提供了多种不同的幻灯片版式，可以通过【开始】选项卡〖幻灯片〗功能组中的"版式"按钮更改幻灯片的原有版式。

拓展知识

精彩演示文稿的分类

演示文稿已被广泛应用到人们的日常生活和工作中，按照不同的标准可以分为不同的类型。其中，按照应用的领域主要可以分为商务营运类、教学课件类和生活娱乐类。

商务营运类演示文稿是应用最广泛的一类，包括产品介绍、公司介绍、调查分析、技能培训、市场营销报告等。

教学课件类演示文稿广泛应用于幼儿教育、中小学教学、大学教育等教育教学活动的方方面面，通过它既可以展示丰富的教学内容，又可以让教学方式灵活而直观，从而提高学习者的学习兴趣，提高教学质量。

生活娱乐类演示文稿通常包含丰富的图片、动画、音乐或视频等元素，生动有趣而无需严谨和严肃。这类演示文稿通常有电子相册演示文稿、节日贺卡演示文稿、游戏演示文稿以及人物写真演示文稿等。

5.2 制作演示文稿

 学习任务

熟练掌握在幻灯片中添加和编辑文本、图片、图形、艺术字、表格、SmartArt、图表、音 / 视频等各种对象的方法；掌握演示文稿的主题设计；了解幻灯片的母版设计。

 动手实践

通过在演示文稿中添加或编辑文本、图片、图形、艺术字、表格、SmartArt、图表、音频等基本元素，插入"页眉和页脚"以及幻灯片母版的设置等操作，完成以"粮食"为主题的演示文稿。

特别说明：

（1）本实践需提前准备 5 个文件，分别与音频文件"锄禾日当午 .mp3"，图片文件"农业机械化 .jpg""丰收 1.jpg""丰收 2.jpg"，图标文件"标志 .jpg"对应，并存储在同一文件夹中。

（2）本实践中新建的幻灯片，除特殊说明外，均为"标题和内容"版式。

步骤 01　启动 PowerPoint 2013 新建空白演示文稿，命名为"粮食"并保存在 D 盘中。

步骤 02　选择主题。在【设计】选项卡〖主题〗功能组中选择一种主题，本节以"丝状"主题为例。

步骤 03　输入幻灯片题目。单击第 1 张幻灯片的"标题"占位符，输入文字"民以食为天，食以粮为先"；在"副标题"占位符中输入文字"——粮食专题"，并在【开始】选项卡〖段落〗功能组中设置对齐方式为"右对齐"，修改字号为"32"。

步骤 04　新建幻灯片 2，输入文字。在"标题"占位符中输入文字"粮食的概念"；在"内容"占位符中输入如下文字并设置其字号为"28"；移动"内容"占位符到合适的位置。效果如图 5-6 所示。

步骤 05　新建幻灯片 3，插入表格。在"标题"占位符中输入文字"粮食的种类"；在"内容"占位符中单击【插入】选项卡的"表格"按钮，插入一个"6 行 2 列"的表格，并在表格中输入文字；打开【开始】选项卡，设置表

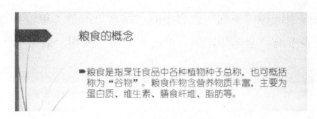

图 5-6 文字输入 1

格标题文字的大小为"30",其他
文字的大小为"24";在"表格工具"
的【布局】选项卡中设置文字的对
齐方式为"水平居中""垂直居中";
拖动表格的边框调整表格的大小。
效果如图 5-7 所示。

图 5-7 表格

步骤 06 新建幻灯片 4,插入图表。在"标题"占位符中输入文字"2010 ~
2014 年我国粮食总产量柱形图";单击"内容"占位符,在【插入】选项卡中,
单击"图表"按钮,在弹出的"插入图表"对话框中依次选择"柱形图""簇
状柱形图",并单击"确定"按钮;在打开的图表编辑表格中,单击"在
Microsoft Excel 中编辑数据"按钮 ，输入数据如图 5-8 所示,关闭数据表。

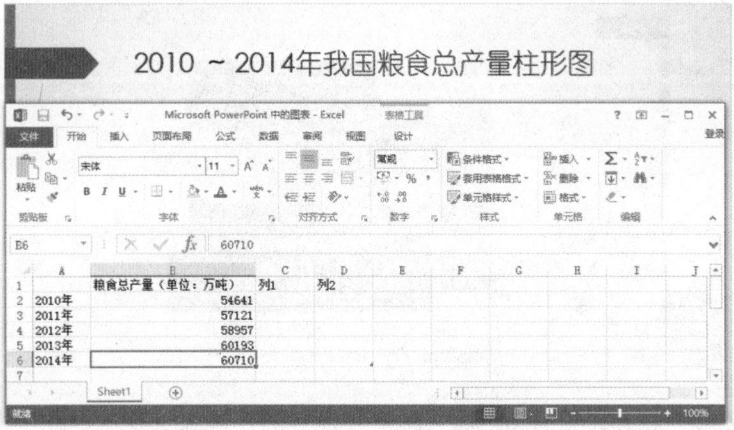

图 5-8 "粮食总产量"数据表

步骤 07 编辑图表元素。单击图表右侧的"图表元素"按钮 ，在弹出
的下拉列表中选择"趋势线",在"添加趋势线"对话框中选择"粮食总产量(单
位:万吨)",单击"确定"按钮;单击图表右侧的"图表筛选器"按钮 ，

在弹出的对话框中选择"系列"列表中的"粮食总产量（单位：万吨）"选项及"类别"列表中的"全选"选项，单击"应用"按钮。效果如图 5-9 所示。

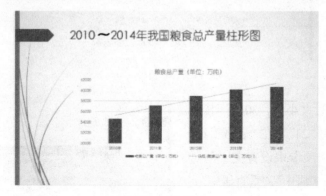

图 5-9　柱形图

步骤 08　新建幻灯片 5，插入图片并设置图片版式。在"标题"占位符中输入文字"现代农业"；单击"内容"占位符，选择【插入】选项卡，单击"图片"按钮，在文件中选择图片"农业机械化.jpg"并插入；选择图片，在"图片工具"的【格式】选项卡〖大小〗功能组中设置图片的宽度为"20 厘米"；在〖图片样式〗功能组中单击"图片版式"按钮，在下拉列表中选择"蛇形图片题注"效果，在文本框中输入"农业机械化"，并调整至合适位置。效果如图 5-10 所示。

图 5-10　图片版式

步骤 09　新建幻灯片 6，插入图片并设置图片样式。在"标题"占位符中输入文字"喜获丰收"；单击"内容"占位符，插入图片"丰收 1.jpg"，设置图片的宽度为"18 厘米"，样式为"透视阴影，白色"；插入图片"丰收 2.jpg"，设置图片的宽度为"20 厘米"，样式为"简单框架，白色"；选中图片"丰收 2"，单击"图片工具"的【格式】选项卡〖调整〗功能组中的"更正"按钮，在下拉列表中分别选择"锐化 25%""亮度:＋40%,对比度:0%（正常）"选项；移动图片到合适的位置。效果如图 5-11 所示。

图 5-11　图片样式

步骤 10　新建幻灯片 7,分别输入标题文字和内容文字,内容文字字号为"30",如图 5-12 所示。

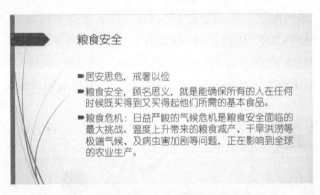

图 5-12　文字输入 2

步骤 11　新建幻灯片 8,插入 SmartArt。在"标题"占位符中输入文字"安全对策";单击"内容"占位符,在【插入】选项卡中单击"SmartArt"按钮,在弹出的"选择 SmartArt 图形"对话框中选择"垂直框列表",并单击"确定"按钮;选中最后一个形状,在"SMARTART 工具"的【设计】选项卡中,依次单击〖创建图形〗功能组中的"添加形状""在后面添加形状"按钮;重复添加形状的操作;依次在第 1 ~ 3 个文本框中输入文字;分别右击第 4、5 个形状,在快捷菜单中选择"编辑文字",并在文本框中输入文字;将除标题以外的所有文字大小设置为"24"。效果如图 5-13 所示。

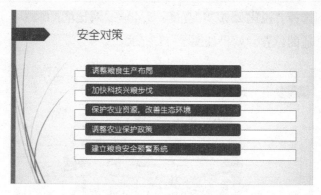

图 5-13　SmartArt

步骤 12　新建"空白"版式幻灯片 9，插入艺术字。在【插入】选项卡中插入艺术字，艺术字的样式为"填充 – 白色，轮廓 – 着色 1，发光 – 着色 1"，文字内容为"粒粒粮食，滴滴汗珠，爱粮节粮，从我做起！"，文字大小为"54"，字体为"幼圆"；在"绘图工具"的【格式】选项卡中，设置艺术字的形状样式为"彩色轮廓 – 橙色，强调颜色 1"，在〖插入形状〗功能组"编辑形状"按钮的下拉列表中选择"更改形状"选项并在"形状"列表中选择"圆角矩形"。

步骤 13　插入形状。在当前幻灯片中插入"笑脸"形状，设置其宽度和高度均为"3 厘米"，并将其移动到文本框的右上角。效果如图 5-14 所示。

图 5-14　艺术字和形状

步骤 14　插入音频文件。选择第 1 张幻灯片，单击【插入】选项卡〖媒体〗功能组中的"音频"按钮，在下拉列表中选择"PC 上的音频 ..."选项，在打开的"插入音频"对话框中，选择音频文件"锄禾日当午 .mp3"，并单击"插入"按钮；将幻灯片编辑区的音频图标拖放到幻灯片的底部，设置"音频工具"的【播放】选项卡如图 5-15 所示。

图 5-15　音频播放设置

　　步骤 15　插入页眉页脚。在【插入】选项卡中，单击〖文本〗功能组中的"页眉和页脚"按钮，在弹出的"页眉和页脚"对话框中设置日期和时间、幻灯片编号等信息，如图 5-16 所示。单击"全部应用"按钮。

图 5-16　"页眉和页脚"对话框

　　步骤 16　使用母版，插入标志图片。单击【视图】选项卡〖母版视图〗功能组中的"幻灯片母版"按钮，在幻灯片母版编辑状态下，选择"标题和内容"版式幻灯片母版的缩略图，打开【插入】选项卡，插入图片"标志.jpg"，设置高度为"4.5 厘米"，并将其移动到幻灯片的右上角；选择【幻灯片母版】选项卡，单击"关闭母版视图"按钮。

　　步骤 17　保存演示文稿。

 **基础知识**

5.2.1　主题设计

一个优秀的演示文稿要有明确的目标和主题。主题要围绕设计目标，清楚地表达内容与思想。针对不同的目标，可以设计具有不同主题风格的幻灯片。PowerPoint 2013 提供了可以一键更改的主题和变体。此外，还提供了新的宽屏主题以及标准大小主题。

1.快速应用预设主题

PowerPoint 2013 为用户预设了大量的主题效果，用户在需要更改主题的演示文稿中打开【设计】选项卡，在〖主题〗功能组中单击要应用的主题效果即可。

2.更改主题颜色

PowerPoint 2013 中的每个主题都包含许多不同的变体和颜色。用户可以在【设计】选项卡〖变体〗功能组中直接选择不同的颜色方案，也可以单击〖变体〗功能组中的 ⬇ 按钮，在弹出的下列表中分别选择"颜色""字体""效果""背景样式"选项，对主题进行个性化设置。

3.自定义幻灯片大小和设置背景格式

通过【设计】选项卡〖自定义〗功能组中的"幻灯片大小"按钮可以设置幻灯片的大小。幻灯片的大小选项有标准、宽屏、自定义三种，用户可以根据需要自由选择。

单击"设置背景格式"按钮，会打开"设置背景格式"窗格。在"设置背景格式"窗格中，可以设置幻灯片背景的填充效果，包括纯色填充、渐变填充、图片或纹理填充、图案填充、隐藏背景图形等。如果对单个或部分幻灯片设置背景格式，需先选择要更改格式的幻灯片；如果对全部幻灯片进行相同格式的更改，则直接单击"全部应用"按钮。

5.2.2　幻灯片母版

幻灯片母版是存储关于设计模板信息的幻灯片，如字体、占位符大小、背景、配色方案等，也包含标题样式和文本样式。

1.幻灯片母版的设置

单击【视图】选项卡〖母版视图〗功能组中的"幻灯片母版"按钮，打开

【幻灯片母版】选项卡。可以在【幻灯片母版】选项卡中对幻灯片母版进行设置。幻灯片母版的设置包括编辑母版、母版版式、主题、背景、页面设置等，如图 5-17 所示。

图 5-17 【幻灯片母版】选项卡

在"幻灯片母版"视图的幻灯片缩略图窗格中，较大的为幻灯片母版，较小的为相关版式的母版。在幻灯片母版上的设置可以应用到所有幻灯片，在相关版式母版上的设置可以应用到某种版式的幻灯片。

2. 幻灯片母版的应用

通过幻灯片母版，可以统一幻灯片的制作风格和轻松地批量修改幻灯片。比如，当需要在演示文稿中统一设置某种共同元素时，可以通过设置幻灯片母版来实现。首先，选择幻灯片母版或某种版式母版；其次，在选择的母版中插入并编辑对象。当编辑完毕后，关闭母版视图，之前插入的对象便被应用到全部幻灯片或某一版式的幻灯片中。例如动手实践操作步骤 16 所讲的在母版中插入标志图片。

5.2.3 PowerPoint 2013 基本对象的创建与编辑

在 PowerPoint 2013 中向幻灯片添加并编辑文本、图片、图形、艺术字、表格、SmartArt、图表等基本对象的操作方法与在 Word 中基本相同。不同的是，PowerPoint 2013 能够更好地支持音频和视频的插入。

1. 插入音频和视频

在幻灯片中插入音频（MP3、WAV、MID 等）和视频（AVI、WMV、MPG 等）可以增加幻灯片的感染力，插入方法与插入图片方法类似，以下以插入视频为例。

单击【插入】选项卡〖媒体〗功能组中的"视频"按钮，在下拉列表中单击"联机视频 ..."或"PC 上的视频 ..."选项，在弹出的对话框中选择文件并插入。

视频文件插入后，可以通过"视频工具"的【格式】选项卡对视频进行样式等的设置，通过【播放】选项卡对视频进行播放设置。

此外，为防止音频或视频出现链接问题，建议在插入音频或视频前将音频或视频文件复制到演示文稿所在的文件夹中。

2. 插入相册

通过 PowerPoint 2013 的相册功能可以创建简单的电子相册。

单击【插入】选项卡〖图像〗功能组中的"相册"按钮，弹出"相册"对话框，如图 5-18 所示。在打开的"相册"对话框中单击"文件 / 磁盘 ..."按钮，在弹出的"插入新图片"对话框中浏览选择所有相册图片后，单击"插入"按钮。单击"相册"对话框中的"新建文本框"按钮可以在相册中创建文本框，输入文字解说等。在对话框下方的"相册版式"中的"图片版式"右侧的下拉列表中选择每张幻灯片上显示的图片数量以及图片是否带标题，在"相框形状"下拉列表中设置相框的形状。根据需要设置其他选项，如调整图片的展示顺序、亮度、对比度等，单击"创建"按钮完成创建过程。

图 5-18　"相册"对话框

 拓展知识

幻灯片的配色要领

幻灯片的颜色搭配并不是随心所欲的，用户既要保持个性化与创造力，又

要遵循幻灯片的配色要领。

首先，根据幻灯片的类型选择颜色。一方面，演示文稿应用于各行各业，而不同的应用领域通常有其代表的主体颜色，例如绿色代表邮政、蓝色代表航空等。另一方面，不同的颜色给人不同的心理感受，如黄色又称为"膨胀色"，具有不稳定、招摇的味道，因此，不适合用于社交场合，而适合应用于快乐的氛围中。

其次，使用对比色区分内容。使用对比色区分内容，清晰明了，容易引起注意。

再次，同一演示文稿使用邻近色搭配。若在同一个演示文稿中，颜色差别过大，容易产生视觉冲突。

最后，同一幻灯片中大块配色不宜超过三种。如果页面中的大块配色超过三种，则会使幻灯片显得格外花哨，不仅降低了演示文稿的观赏性，而且容易分散观众的注意力。

5.3　演示文稿的交互与动画设置

 学习任务

了解超链接的作用，并能够熟练掌握超链接的插入、编辑和删除方法；掌握动作及动作按钮的设置；熟练掌握幻灯片的切换方式以及自定义动画的设置与应用。

 动手实践

在 5.2 制作的"粮食 .pptx"演示文稿的基础上，让幻灯片动起来。具体要求为：对第 6 张幻灯片中的图片设置动画效果，使两幅图片能够逐一显示；单击任一"标志"图片，幻灯片都能跳转到第 1 张幻灯片；所有幻灯片以"淡出"的效果切换。

步骤 01　打开 5.2 完成的演示文稿"粮食 .pptx"。

步骤 02　对图片设置动画。单击幻灯片 6 的缩略图，选择图片"丰收 1"，打开【动画】选项卡，如图 5-19 所示，在"添加动画"按钮的下拉列表中选择"退出"动画中的"消失"效果，此时，图片"丰收 1"左上角出现标号 1。

图 5-19　【动画】选项卡

　　步骤 03　选择图片"丰收 2",在"添加动画"按钮的下拉列表中选择"进入"动画中的"劈裂"效果,并在〖动画〗功能组的"效果选项"下拉列表中选择"中央向左右展开"。此时,图片"丰收 2"左上角出现标号 2。继续选择图片"丰收 2",在〖计时〗功能组中的"开始"下拉列表中选择"与上一动画同时"选项,此时,图片"丰收 2"左上角的标号变为 1。设置动画的持续时间为"0.75"。

　　步骤 04　在母版中设置超链接。在【视图】选项卡中,打开"幻灯片母版"编辑窗口,选择"标题和内容"版式幻灯片缩略图并选中"标志"图片;打开【插入】选项卡,单击"超链接"按钮,在弹出的如图 5-20 所示"插入超链接"对话框中,选择"本文档中的位置",在"请选择文档中的位置"列表中根据"幻灯片标题"选择"第 1 张幻灯片",单击"确定"按钮;关闭幻灯片母版。

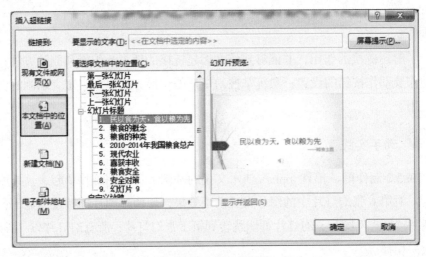

图 5-20　插入超链接

　　步骤 05　打开【切换】选项卡,选择任一幻灯片;在【切换】选项卡〖切换到此幻灯片〗功能组中单击"淡出"效果选项,单击〖计时〗功能组中的"全部应用"按钮。

　　步骤 06　保存演示文稿。

 **基础知识**

5.3.1 自定义动画的设置

自定义动画能使幻灯片上的文本、形状、图像、图表等对象具有动画效果。幻灯片的动画效果分为进入、强调、退出和动作路径四种类型，分别用绿色、黄色、红色和线条标识。要设置动画效果，首先，单击需要设置动画的对象；其次，通过【动画】选项卡中的选项完成动画类型、效果选项、计时等设置。

1. 添加动画

单击〖动画〗功能组的动画效果可以为对象添加动画，也可以通过"添加动画"按钮为同一对象添加多个动画。

2. 删除动画

单击"动画窗格"按钮，在主界面右侧打开的"动画窗格"任务窗格中选择要删除的动画并右击，在快捷菜单中选择"删除"命令。

3. 调整动画的播放顺序

在"动画窗格"任务窗格中，选中动画，通过向上或向下箭头调整动画的播放顺序。

4. 动画刷

动画刷的使用和 Word 中格式刷的使用方法相同。使用动画刷，可以轻松快捷地将一个动画的效果复制到另一个动画上，适用于为不同对象设置同一动画的效果。

5.3.2 使用超链接和动作

超链接和动作使幻灯片的放映不再是简单的线性结构，而具有了一定的交互性。

1. 使用超链接

幻灯片上的文本、形状、图像等对象都可以设置超链接。超链接需要在幻灯片放映的状态下才能激活，当鼠标移至超链接时，指针会变成"小手"的形状，单击幻灯片中含有超链接的对象，将会自动跳转到链接指定的对象。链接可以指向文档中的幻灯片，也可以指向现有的文件、网页、邮件等。

（1）插入超链接。单击【插入】选项卡〖链接〗功能组中的"超链接"按钮，在弹出的"插入超链接"对话框中可以快速为对象选择链接目标。要使对象链接到某个网页，首先，在"插入超链接"对话框中选择"现有文件或网页"；其次，在对话框下方的"地址"栏中输入要链接的网页地址。

（2）编辑和取消超链接。要重新编辑超链接，选择要编辑的超链接对象右击，在弹出的快捷菜单中选择"编辑超链接..."选项，并在"编辑超链接"对话框中重新设置超链接。

要取消超链接，选择要取消的超链接对象右击，在弹出的快捷菜单中选择"取消超链接"选项即可。

2. 使用动作与动作按钮

单击【插入】选项卡〖链接〗功能组中的"动作"按钮，将会弹出动作的"操作设置"对话框，在此对话框中可以设置"单击鼠标""鼠标悬停"两种鼠标状态下对象的跳转操作。

动作按钮是预先设置好的一组带有特定动作的图形按钮，如前一张、后一张等。通过动作按钮，可以实现幻灯片的跳转，并可用于播放音频和视频。单击【插入】选项卡〖插图〗功能组中的"形状"按钮，在下拉列表的底部选择一种动作按钮，在幻灯片中单击并拖动画出该动作按钮，在弹出的"动作设置"动画框中设置动作即可。

5.3.3　设置幻灯片的切换方式

幻灯片的切换效果是指幻灯片在放映时进入或退出屏幕的效果。通过幻灯片的切换效果设置，可以使幻灯片放映时衔接和过渡自然，吸引观众的注意力。

打开【切换】选项卡，单击〖切换到此幻灯片〗功能组中的某一切换效果，可以把此效果应用到所选幻灯片中。单击〖计时〗功能组中"全部应用"按钮，可以把切换效果应用到所有幻灯片中。删除幻灯片的效果，可以直接在〖切换到此幻灯片〗功能组选择"无"。

当设置完幻灯片的切换效果后，可以通过〖计时〗功能组的选项设置幻灯片的换片效果。换片效果包括换片时的声音、换片的持续时间以及换片方式等。

拓展知识

演示文稿的制作流程

演示文稿的制作并不是随意的，一个优秀演示文稿的制作过程一般都要遵循一定的流程，包括确定演示文稿的类型和目标、设计演示文稿的制作方案、确定演示文稿的风格及制作等。

在用 PowerPoint 2013 制作演示文稿的过程中，一般采用先整体后局部的原则。首先，选择主题、设计母版；其次，添加并编辑对象；再次，设计切换方式，自定义动画；最后，放映、测试与修改完善。

5.4 演示文稿的放映与输出

学习任务

了解演示文稿的放映设置，并能够熟练掌握演示文稿在 PowerPoint 2013 中的放映方法；熟练掌握演示文稿放映的基本控制方法，并进一步了解演示文稿放映中的指针选项及其应用；了解演示文稿的输出类型，掌握打印演示文稿讲义的方法。

动手实践

播放演示文稿"粮食.pptx"，并打印讲义 1 份。要求打印范围为幻灯片第 2 页至第 8 页，讲义中幻灯片的排列方式为"6 张水平放置的幻灯片"。

步骤 01 打开演示文稿"粮食.pptx"，在【幻灯片放映】选项卡〖开始放映幻灯片〗功能组中单击"从头开始"按钮，幻灯片开始放映。

步骤 02 在放映状态下，单击幻灯片，幻灯片会自动跳转到下一页，直至放映结束，单击鼠标退出，幻灯片重新回到编辑状态。

步骤 03 单击【文件】选项卡的"打印"按钮，弹出如图 5-21 所示"打印"窗口。设置打印份数为"1"；在"设置"区域的"打印全部幻灯片"下拉列表中选择"自定义范围"，在文本框中输入"2-8"；在"整张幻灯片"下拉列表中选择"讲义"中的"6 张水平放置的幻灯片"；保留新出现的"纵向"值；单击"编辑页眉和页脚"，在弹出的对话框中选择"页码"。

图 5-21　"打印"窗口

步骤 04　单击"打印"按钮。

 **基础知识**

5.4.1　演示文稿的放映

幻灯片创建完成后，用户需要设置幻灯片的放映方式，以确保幻灯片播放效果符合实际需要。

1. 演示文稿放映途径的选择

（1）在 PowerPoint 中直接放映。在 PowerPoint 中直接放映是展示演示文稿最常用的方法。在【幻灯片放映】选项卡〖开始放映幻灯片〗功能组中可以选择幻灯片的放映方式。

单击"从头开始"按钮，幻灯片将从整个演示文稿的第一张幻灯片开始放映。单击"从当前幻灯片开始"按钮，幻灯片将从当前选中的幻灯片开始放映。单击"自定义幻灯片放映"按钮，将打开"自定义放映"对话框，在对话框中单击"新建 ..."按钮，在弹出的如图 5-22 所示"定义自定义放映"对话框中选择需要放映的幻灯片，以便针对目标观众群体制定最合适的演示文稿放映方案。此外，在幻灯片中直接单击"幻灯片放映"视图切换按钮 ，幻灯片也可以直接从当前幻灯片开始放映。

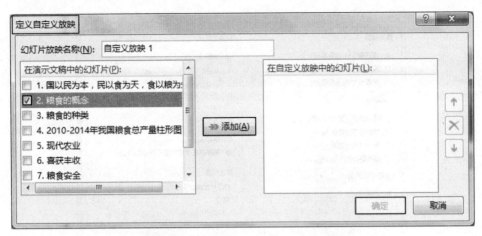

图 5-22　"定义自定义放映"对话框

（2）将演示文稿保存为放映模式。如果用户需要将制作好的演示文稿带到其他地方放映，且不希望演示文稿受到任何修改和编辑时，可以在演示文稿的"另存为"对话框中，选择"保存类型"为"PowerPoint 放映"。在播放时，只需双击演示文稿文件图标即可全屏播放。PowerPoint 放映文件的扩展名为 .ppsx。

2. 演示文稿放映的相关设置

（1）确定演示文稿的放映模式。PowerPoint 2013 为用户提供了三种不同场合的放映类型：演讲者放映（全屏幕）、观众自行浏览（窗口）、在展台浏览（全屏幕）。演讲者放映是由演讲者控制整个演示的过程，演示文稿将在观众面前全屏播放。观众自行浏览是使演示文稿在标准窗口中显示，观众可以拖动窗口上的滚动条或是通过方向键自行浏览，与此同时，还可以打开其他窗口。在展台浏览是整个演示文稿会以全屏的方式循环播放，在此过程中，除了通过鼠标选择屏幕对象进行放映外，不能对其进行任何修改。

单击【幻灯片放映】选项卡〖设置〗功能组中的"设置幻灯片放映"按钮，弹出如图 5-23 所示"设置放映方式"对话框。在"设置放映方式"对话框中，可以设置放映选项、放映幻灯片的范围、换片方式等。

（2）设置排练放映的时间。PowerPoint 2013 为用户提供了"排练计时"功能，即在真实放映演示文稿的状态下，同步设置幻灯片的切换时间，等到整个演示文稿放映结束后，系统自动记录幻灯片的播放时间，在自动播放幻灯片时，系统会按照已设置的播放时间自动切换幻灯片。

单击【幻灯片放映】选项卡〖设置〗功能组中的"排练计时"按钮，幻灯

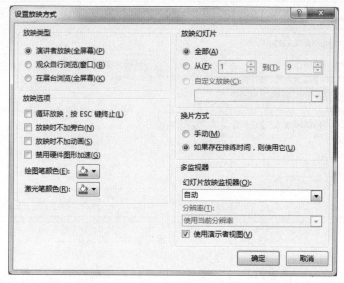

图 5-23 "设置放映方式"对话框

片切换到全屏模式开始放映，并在幻灯片的左
上角出现一个"录制"窗口，如图 5-24 所示。
当第一张幻灯片的放映时间设置完成后，单击

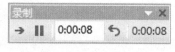

图 5-24 "录制"窗口

"录制"窗口中的 → 按钮，切换到第二张幻灯片中继续计时。在录制的过程中，
可以单击 ⏸ 按钮暂停录制。当幻灯片放映完成时，在弹出的询问"是否保存
排练计时"对话框中单击"是"按钮。排练计时完成后，切换到"幻灯片浏览"
视图，在每张幻灯片的右下角可以看到该张幻灯片播放所需要的时间。

（3）录制幻灯片演示。录制幻灯片演示是一项不仅可以记录幻灯片的放
映时间，而且允许用户使用鼠标、激光笔或麦克风为幻灯片添加注释的录制功
能，便于演示文稿在脱离演讲者时智能放映。

【幻灯片放映】选项卡〖设置〗功能组中"录制幻灯片演示"按钮的下拉

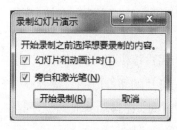

图 5-25 "录制幻灯片演
示"对话框

列表中有"从头开始录制..."、"从当前幻灯片
开始录制..."、"清除"三个选项。用户在录制
前，首先，选择"清除"选项中的"清除当前
幻灯片中的计时"或"清除所有幻灯片中的计
时"选项；其次，单击"从头开始录制..."或"从
当前幻灯片开始录制..."选项，在弹出的如图
5-25 所示"录制幻灯片演示"对话框中选择录

制内容并单击"开始录制"按钮，录制方法与"排练计时"基本相同；最后，录制结束后，切换到"幻灯片浏览"视图，在每张幻灯片的右下角，不仅显示该幻灯片的播放时间，还会出现一个 ★ 图标。

（4）其他。放映演示文稿时，可以根据需要选中或取消【幻灯片放映】选项卡〖设置〗功能组中的"播放旁白""使用计时"选项，打开或关闭相应的功能设置。

3. 演示文稿放映的控制

在幻灯片放映状态下，右击幻灯片，会弹出如图 5-26 所示快捷菜单。

（1）上一张、下一张和结束放映。单击"上一张""下一张"或"结束放映"选项会使幻灯片分别跳转到上一张幻灯片、下一张幻灯片或退出放映模式。

（2）查看所有幻灯片。单击"查看所有幻灯片"选项，可以查看所有幻灯片的缩略图，单击缩略图，可以直接跳转到所选幻灯片并全屏播放。

（3）放大。单击"放大"选项，屏幕上会出现一个能够随光标移动的放大区域，移动鼠标到需要放大的位置并单击，放大区域中的内容即可全屏显示。同时，鼠标指针变为"小手"形状，通过"小手"可以移动屏幕。右击鼠标，可以恢复到正常的放映窗口。

图 5-26 放映状态右键快捷菜单

（4）屏幕。在放映幻灯片时，有时需要板书一些内容，可以通过"屏幕"打开黑屏或白屏，在黑屏或白屏中通过下方的控制面板（如图 5-27）控制幻灯片的播放、在黑屏或白屏上书写板书等。

图 5-27 控制面板

（5）指针选项。将鼠标移动到图 5-26 所示快捷菜单中的"指针选项"上，会弹出如图 5-28 所示下拉菜单。可以通过选择"激光指针""笔""荧光笔"选项选择鼠标指针的类型，通过"墨迹颜色"选项选择笔触的颜色，通过"箭头选项"选项设置鼠标指针的显示方式。

在幻灯片放映过程中，可以通过"指针选项"

图 5-28 "指针选项"列表

计算机应用基础

的设置，在幻灯片上书写，以强调重点内容，方法是：首先，在"指针选项"列表中，选择"墨迹颜色"中的一种颜色，并选择"笔"选项。其次，移动鼠标到幻灯片需要标识的位置，拖动鼠标绘制。同时，可以通过"指针选项"列表中的"橡皮擦"选项，擦除已绘制的墨迹，通过"擦除幻灯片上的所有墨迹"选项擦除幻灯片上的所有墨迹。最后，要取消绘制，可以通过单击"箭头选项"中的"可见"选项恢复鼠标的指针状态。放映结束后，通过在弹出的"是否保留墨迹注释"对话框中选择保留还是放弃墨迹注释。

5.4.2 演示文稿的输出

可以通过【文件】选项卡中的"导出"或"打印"两种方式输出演示文稿。

单击"导出"选项，打开如图 5-29 所示页面，通过选择"创建 PDF/XPS 文档""创建视频""将演示文稿打包成 CD""创建讲义"或"更改文件类型"选项，可以实现演示文稿的多样化输出。

单击"打印"选项，可以将电子演示文稿通过打印机输出为纸质文档。

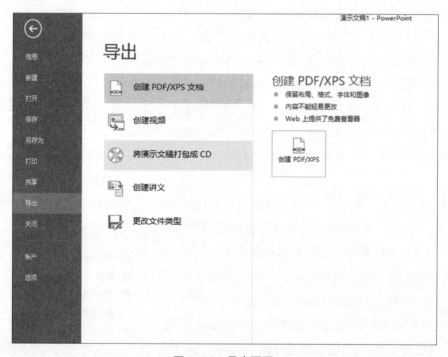

图 5-29　导出页面

拓展知识

商务演示文稿的展示技巧

商务演示文稿一般用于公司会议、产品推广、项目计划等商务展示。一个成功商务演示文稿的展示技巧通常包括以下几个方面：

1. 关注受众需要

由于受众的人数、年龄、性别、学历、社会地位等都会影响演示的效果，因此，在演讲之前，演讲者必须了解演示文稿展示的对象是谁，他们有什么特点。只有这样，演讲者才能有针对性地组织演讲内容、选择展示方式。

2. 遵循"10、20、30"原则

在商务演示文稿的制作过程中，幻灯片的数目不超过 10 张、展示的时间不超过 20 分钟、字号大小不小于 30 磅。

3. 讲究演讲台上的技巧

制作一份精美的演示文稿要靠台下工夫，而站在台上之后，就需要台上的技巧。首先，演讲者要树立自信，克服紧张感；其次，演讲要有自己的风格，并且演讲的风格要与演讲者的性格、演讲的内容和环境息息相关；最后，要注意细节，比如服装、发型、语音音质与措词等。

本章小结

PowerPoint 2013 是制作和演示幻灯片的软件，能够制作出集文字、图形、图像、声音以及视频剪辑等多媒体元素于一体的演示文稿，可以把自己所要表达的信息组织在一组图文并茂的画面中，广泛应用于课件制作、会议、演讲、产品展示等方面，制作的演示文稿可以通过计算机屏幕或投影机播放，也可以打印输出。本章首先讲解了 PowerPoint 2013 演示文稿从新建、设计到保存的制作过程及演示文稿中常用的基本操作；然后全面系统地介绍了在幻灯片中插入各种对象的方法，幻灯片的主题设计与母版设计，幻灯片的交互与动画设置；最后介绍了幻灯片的放映、打包与输出等方面的操作和方法。每节的内容都是通过一个综合案例引入，然后讲解基础知识，通过案例结合知识点的方式，灵活生动地展示了 PowerPoint 2013 的使用方法和强大功能。通过学习本章内容，希望大家能够结合自己的实际工作，将 PowerPoint 2013 有效应用到工作和生活中。

课后练习

1. PowerPoint 2013 的工作界面有哪些组成部分？

2. 简述用 PowerPoint 2013 创建演示文稿的过程。

3. PowerPoint 2013 为设计统一演示文稿提供了哪些方法？

4. PowerPoint 2013 中可以添加哪些对象，举出六个例子。

5. 如何在幻灯片中添加页眉页脚？

6. 简述幻灯片母版的作用。

7. 如何在幻灯片中添加音频？

8. 如何在幻灯片中设置超链接？

9. 如何设置自定义动画？

10. 如何添加幻灯片的切换效果？

11. 放映幻灯片的方式有哪些？

12. 如何将演示文稿打印成讲义？

第6章 计算机网络基础

 学习目标

了解：计算机网络、因特网等基本概念，网络的分类及因特网服务；网络组网设备和小型局域网组网方法。

掌握：IP 地址和域名的概念；局域网内资源共享设置方法；移动通信设备访问因特网的方法；常见上网故障现象、故障检测及修复方法。

熟练掌握：使用浏览器访问因特网的方法；IE 浏览器的常用设置。

计算机网络是通信技术和计算机技术相结合的产物。计算机网络将不同物理位置的计算机与网络通信设备连接，以实现信息通信和资源共享。信息通信，就是在计算机、通信设备之间传送信息，如发送 / 接收电子邮件、使用浏览器上网、在网站上发布信息、使用 QQ 聊天等；资源共享，指的是硬件资源、软件资源和信息资源互通有无、异地共用，比如多台计算机在网络中可共用一台打印机、异地用户可共同编辑同一份文档。

6.1 计算机网络和因特网基础

 学习任务

了解计算机网络、因特网基本概念；了解网络的常用服务，因特网常见的上网方式；了解常用的网络连接介质；掌握 IP 地址、域名等概念。

 动手实践

有些情况下，使用企事业单位的 IP 地址和域名地址都可以访问该单位的网站。比如，山东广播电视大学网站 IP 地址为 218.57.132.63，域名地址是 www.sdtvu.com.cn。使用这两个地址都可以访问山东广播电视大学的网站。

步骤 01　打开 Windows 7 操作系统下的 IE 浏览器或者其他浏览器；

步骤 02　在浏览器的地址栏，输入"218.57.132.63"，回车；观察浏览器打开的网页；

步骤 03　新打开一个浏览器，在地址栏中输入 www.sdtvu.com.cn 并回车；观察浏览器打开的网页；

步骤 04　将两个浏览器窗口并排显示，可以看出两个浏览器窗口中显示的网页是完全相同的。

 基础知识

6.1.1　计算机网络分类及因特网服务

计算机网络的分类标准很多，按照网络覆盖地理范围的大小可分为局域网、城域网、广域网。

1. 局域网（Local Area Network，LAN）

局域网覆盖地理范围较小，网络距离一般不超过 10km。在一栋大楼、一个学校、一个公司、一间办公室中，均可将计算机和一些外部设备组建为局域网。局域网内信息传输速率很高，通常为每秒几百 KB 到 100MB。

2. 城域网（Metropolitan Area Network，MAN）

城域网覆盖范围一般是一座城市，距离范围为 10 ~ 100km。城域网是局域网的延伸和扩展，与局域网相比城域网的传输介质和布线结构更复杂。城域网可以满足一座城市范围内的企事业单位和社会服务部门等大用户群的联网需求。

3. 广域网（Wide Area Network，WAN）

广域网覆盖范围最大，可以跨越国界甚至覆盖全球。广域网的地理范围从几百千米到上万千米，可以是一个地区或一个国家，可以是一个世界大洲。国际互联网是世界最大的广域网。

国际互联网又称因特网（Internet），是一个全球性的网络，其前身是美国的 ARPAnet 网。今天的因特网已经超出了一般计算机网络概念，因特网不仅仅是传输信息和共享资源的媒体，更是全球规模的信息服务系统。

因特网提供的主要服务有 WWW 服务、电子邮件服务、电子公告牌服务、远程登录服务。WWW 服务中包括了搜索引擎服务、文件传输服务、博客服务、社交网络服务。提供搜索引擎的网站很多，如著名的百度（baidu.com）、搜狗（sogou.com）、谷歌（google.com）和雅虎（yahoo.com）等；著名的博客网站有新浪博客、腾讯博客、网易博客和搜狐博客；国外的脸谱网（Facebook）和推特网（Twitter）、国内的人人网和58同城网都是著名的社交服务网站。

6.1.2 IP 地址和域名

因特网中的每个设备必须唯一标识，否则会引起通信混乱。IP 地址是因特网上主机的逻辑地址，联网的计算机必须使用 IP 地址才能正常通信。IP 地址与主机的其他标识一起构成了因特网上的唯一标识，如果将计算机比作电话机，那么计算机的 IP 地址就是电话号码。

IP 地址本质是一个 32 位（64 位）的二进制数。为了方便使用和表达，IP 地址通常使用"点分十进制表示法"表示。如 32 位 IP 地址 11000000101010000000000101100101 对应"点分十进制表示法"是192.168.1.101。在"点分十进制表示法"中，一共有 4 段十进制数，每段都是0 ~ 255 之间的整数。

由于 IP 地址是数字型的，人们在记忆、使用的时候很不方便，于是出现了与 IP 地址一一对应的字符地址方案——域名地址。例如，山东广播电视大学网站域名地址为 www.sdtvu.com.cn，IP 地址为 218.57.132.63，使用这两个地址都可以访问山东广播电视大学网站。

域名地址是分层的结构，从右到左分别是顶级域名、二级域名、三级域名等等。域名地址中的每段符号都是有意义的，例如山东省人民政府网站的域名是 www.sd.gov.cn，其中 cn 代表中国，是一个顶级域名；gov 代表政府部门，是二级域名；sd 代表山东人民政府，是三级域名；www 表示主机是 www 服务器。

顶级域名又分为两类，一类是国家地区顶级域名，世界 200 多个国家和地区都分配了顶级域名，例如中国是 cn，美国是 us，中国香港是 hk；另一类是国际顶级域名，如表示工商企业机构用 com，表示政府部门用 gov。常见顶级域名及含义如表 6-1 所示。

表 6-1   常见顶级域名及含义表

域名	含义	域名	含义
com	商业组织	cn	中国
edu	教研机构	hk	中国香港
gov	政府部门	tw	中国台湾

（续表）

域名	含义	域名	含义
mil	军事组织	uk	英国
net	网络服务商	fr	法国
int	国际组织	jp	日本
org	非盈利组织	us	美国

6.1.3　网络连接介质

计算机网络中的设备需要网络介质连接。常用的网络连接介质有同轴电缆、双绞线、光缆和无线媒体等。

1. 同轴电缆

同轴电缆是网络中常用的传输介质。同轴电缆的中央是一根铜线，外面包了绝缘层，绝缘层外环绕了金属屏蔽网，最外层是护套，如图 6-1 所示。同轴电缆的这种结构可以有效防止通信导体向外辐射电磁场，同时也能防止外界电磁场干扰通信导体的信号。当前有线电视网络广泛使用的连接介质就是同轴电缆。

2. 双绞线

双绞线是计算机网络工程中最常用的连接介质。双绞线中把两根绝缘的铜导线按一定密度互相绞在一起，每一根导线传输信号时辐射出来的电波会被另一根线上发出的电波抵消，有效降低信号干扰的程度。双绞线结构如图 6-2 所示。

图 6-1　同轴电缆结构图　　　　图 6-2　双绞线结构图

双绞线可以分为非屏蔽双绞线和屏蔽双绞线。非屏蔽双绞线由四对不同颜色的传输线组成，广泛用于以太网和电话线网。非屏蔽双绞线电缆具有直径小、成本低、重量轻、易弯曲等优点，非常适用于结构化综合布线。

3. 光缆

光缆通常用于高速网络和主干网络。光缆传送的是光信息，光信息传输速度快、稳定性高且不受电磁影响。光缆由缆芯、加强钢丝、填充物和护套等几部分组成，有的光缆还有防水层、缓冲层、绝缘金属导线等构件。光缆的结构如图 6-3 所示。

光缆内没有金、银、铜、铝等金属，一般无回收价值。

4. 无线传输

无线传输指的是使用无线技术进行数据传输。常用的无线传输方式包括无线电波、微波、红外线和激光等。

蓝牙是一种流行的无线传输技术，可实现固定设备、移动设备和计算机网络之间的短距离数据交换。生活中常见的蓝牙设备有蓝牙耳机、蓝牙音箱、无线键盘鼠标等。图 6-4 是一种通过蓝牙与外界设备连接的无线音箱。

图 6-3　光纤结构图　　　　图 6-4　蓝牙音箱

6.1.4　常用的上网方式

通过向 Internet 服务提供商（Internet Service Provider，ISP）申请，可获得 Internet 接入服务。中国大陆地区三大基础运营商为中国电信、中国移动和中国联通，除此之外还有诸如北京歌华有线、长城宽带、广电宽带等服务供应商。因特网接入最常见的方式为局域网接入、无线网络接入、ADSL 接入、电话线接入等。

1. 局域网接入

当计算机所在的环境中已经有一个与因特网连接的局域网时，可以让计算机连入该局域网，通过局域网访问因特网。计算机联入局域网的方式可以是有线连接，也可以是无线连接。有线连接指的是，使用网络连接介质（一般是双绞线）分别连接计算机的网卡和局域网的集线器，静态或者动态获取 IP 地址实现联网。无线连接指的是，计算机通过无线连接到局域网的无线路由设备，局域网路由器静态或者动态为连接的计算机分配 IP 地址，实现访问因特网。

为了保护局域网的安全，设备无线连接到局域网时一般需要提交连接密码，此密码由局域网管理员提供和管理。当连接密码发生更改后，无线连接到该局域网的设备需重新连接确认。

2. 无线网络接入

无线网络安装便捷、使用灵活、经济节约、便于扩展，在一定程度上能够解决网络建设和改造工程中布线费用高、周期长等方面的问题，因而被越来越多的城市、企业和个人接受。

局域网使用无线连接可以满足小范围的无线网络接入。移动通信网络是一种流行的、范围较大的无线网络系统，主要发展的技术包括 2G 技术（如 GSM、GPRS、CDMA）和 3G 技术（WCDMA、TD-SCDMA）。2G 和 3G 技术非常适用于移动终端，如汽车终端定位器、手机移动通讯、移动销售 POS 机等设备。另外，4G（FDD-LTE、TD-LTE）技术也开始大量推广使用。

3. ADSL 接入

ADSL 接入是利用现有的公共电话线路，用户独享带宽，线路专用。ADSL 技术采用频分复用技术把电话线信道分成了电话、上行和下行三个相对独立的信道，用户可以边打电话边上网，通话与上网的质量都不会下降。

4. 电话线接入

电话线接入是因特网发展初期常用的接入方式，这种接入方式使用电话拨号的方式使计算机接入因特网。计算机和电话线端口之间通过一部调制解套器（Modem）进行数字信号和模拟信号的转换，其上网最大速率可达 56Kbps。

电话线接入因特网优点是上网灵活，有电话的地方就能访问因特网，缺点是网速较慢、网络通信费用较高。

 **拓展知识**

域名及申请域名

域名是一种有价值的资源。企业的域名不仅仅代表了企业在网络上的位置，也是企业产品、服务、形象、荣誉等方面的综合体现。从是否要付费角度看，域名分为免费域名和收费域名（商用域名）。免费域名指的是免费二级域名，格式一般是"个人域名＋二级域名"；通常的企事业单位的网站域名都是收费域名。

域名申请遵循先申请先注册的原则，申请域名首先要查询待用域名是否已经被别人注册，如果没有被注册可以填写完善注册信息，并提交审核和备案。备案成功并交纳年费后，完成域名注册。当前流行的域名服务商有万网（已被阿里巴巴集团收购）、新网、花生壳等。

6.2 使用浏览器访问因特网

 学习任务

熟练使用浏览器，掌握 IE 浏览器中设置主页、收藏网页、保存页面信息、清除使用痕迹的方法；掌握移动设备上网方法。

 动手实践

使用浏览器访问新浪网新闻频道，将新浪首页作为浏览器主页，并添加到收藏夹。

步骤 01　打开 Windows 7 操作系统的 IE 浏览器；

步骤 02　在浏览器地址栏中输入新浪网的网址：www.sina.com.cn；

步骤 03　打开浏览器的【工具】菜单，选择"Internet 选项"菜单项，在"常规"选项卡中的"主页"栏中输入 http://www.sina.com.cn，点击"确定"按钮；

步骤 04　打开浏览器的【收藏夹】菜单，选择"添加到收藏夹 ..."菜单项，在打开的对话框中，单击"确认"按钮；

步骤 05　点击新浪网主页导航"新闻"超级链接，进入"新闻中心"页面，观察浏览器地址栏中的网址变化。

 基础知识

随着因特网的功能越来越完善、因特网信息越来越丰富，访问因特网已经成为人们日常工作、学习和生活娱乐中的重要组成部分。我们可以随时了解各国、各地正在播报的新闻，可以实现跨地域远程即时的交流，可以足不出户欣赏影视片、运动会。因特网和其他现代科技的高速发展，使人与人的时空距离骤然缩短，整个世界仿佛成为一个村落，我们都变成了"地球村"的村民。

在因特网上查询资料、发布信息、浏览新闻等行为，俗称上网。上网必须使用一种被称作"浏览器"的工具软件，计算机、手机或者平板电脑与因特网建立连接完成之后，便可以使用浏览器上网。

支持 Windows 7 操作系统的浏览器比较多，国际上比较著名的有 IE 浏览器、火狐浏览器、谷歌浏览器等，国产比较著名的浏览器有搜狗浏览器、360 浏览器、QQ 浏览器等；同样，支持移动设备 Android 系统和苹果系统的优秀浏览器也有很多。本节介绍 Windows 7 自带的 IE 浏览器的使用技巧和设置方法以及移动通信设备上网的方法。

6.2.1　IE 浏览器介绍

通过双击桌面上 IE 浏览器图标 ，或者在"开始"菜单中打开"所有程序"项目的"Internet Explorer"菜单项，可以启动 IE 浏览器。IE 浏览器启动后，窗口结构如图 6-5 所示。

图 6-5　IE 浏览器界面

地址栏：位于标题栏下方。用于输入网页地址或者输入需要搜索的内容。

选项卡：位于地址栏下方。IE 浏览器中允许建立多个选项卡，每个选项卡都可打开 1 个网页。

菜单栏：包括文件、编辑、查看、收藏夹、工具和帮助 6 项菜单，提供 IE 的各类操作和命令。

浏览区：用于显示网页内容。

状态栏：用于显示当前浏览器窗口的状态，如正在访问的网页网址、缩放级别等。

另外，IE 浏览器上地址栏左边有两个按钮 ⬅➡ ，分别是"返回"按钮和"前进"按钮；地址栏右端图例 ρ▾🔳𝐂✕ 依次是"搜索"按钮、"兼容"按钮、"刷新"按钮和"停止"按钮；地址栏右方的三个按钮图例 🏠☆⚙ 分别是"主页"按钮、"收藏"按钮和"设置"按钮。同 Windows 其他窗口一样，当鼠标指针悬停到某个按钮上时，鼠标指针下方将会显示按钮名称。

状态栏右侧有个"更改缩放级别"下拉列表 🔍 100% ▾ ，单击下拉按钮可选择相应的缩放级别，也可以自定义设置合适的缩放级别。

6.2.2　IE 浏览器的基本操作和设置

1.使用域名地址访问网站

使用浏览器访问因特网网站，需要在地址栏中输入网站的网址。例如，要访问新浪网，只需要在 IE 浏览器的地址栏输入"http://www.sina.com.cn"，然后按下键盘的回车键或者按下地址栏右端"转至"按钮 �; 即可。

如果想继续访问搜狐网，一种方法是在 IE 浏览器的地址栏中重新输入"http://www.sohu.com"并回车实现访问。另一种方法不关闭原有的新浪网，点击 IE 浏览器选项卡栏上的"新建选项卡"按钮 🔲 创建一个新的浏览器子窗口，在子窗口的地址栏中输入搜狐网的网址。实现效果如图 6-6 所示，图中显示 IE 浏览器同时打开了新浪网和搜狐网，其中搜狐网是活动选项卡窗口，如果想切换到新浪网，只需要用鼠标单击新浪网选项卡。

图 6-6　IE 浏览器选项卡使用效果图

2.保存网页信息

在访问网页的过程中，如果需要保存网页中的一部分文字，一般情况下可以用鼠标先选中所需文字，然后右击鼠标，在弹出的菜单中选择"复制"项，将文字复制到剪贴板，然后粘贴到自己的文档中。实现效果如下图6-7所示。

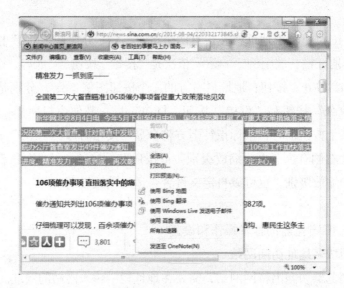

图6-7　复制网页文字

同样，如果在浏览网页时想要保存网页中的某个图片，也可以右击鼠标复制的方法复制图片；如果发现某个页面中所有的信息都是需要保存的，可以将整个页面信息保存到本地。方法是，打开IE浏览器【文件】菜单，

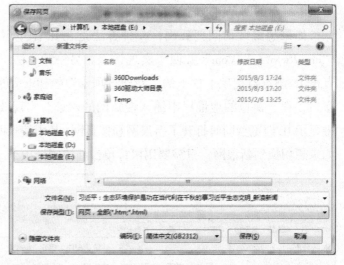

图6-8　保存网页

选择"另存为..."菜单项，弹出"保存网页"对话框窗口。设置网页保存路径，键入网页保存名称，单击"保存"按钮完成，如图6-8所示。

上述操作完成后，就可以到保存网页的目录下随时浏览查阅网页上的信息。

3. 收藏和管理收藏的网页

使用浏览器的收藏夹可以长期保存网页地址。如果需要经常访问某个网站、继续访问之前访问过的某个网站或者某个网站的网址太长不容易记住，可以将网站名称、地址保存到收藏夹中，以便于下次快速访问。

将网页添加到收藏夹有两种方法，一种方法是使用 IE 浏览器的"收藏夹"菜单。打开要收藏的网页之后，单击打开 IE 浏览器【收藏夹】菜单，选择"添加到收藏夹 ..."菜单项，在打开的"添加收藏"窗口中设置创建位置后，点击"添加"按钮完成收藏；另一种方法是点击打开 IE 浏览器的地址栏右边的"收藏夹"按钮，在弹出的窗口中单击"添加到收藏"按钮，同样可弹出"添加收藏"窗口进行设置，效果如图 6-9 所示。

图 6-9　收藏网页对话框

IE 浏览器还提供了管理收藏夹功能，用以移动、删除、重命名收藏的网址。

打印服务是 IE 浏览器提供的类似于文档打印的功能，用户可以使用 IE 浏览器打印网页的文字、图片等信息。打印服务位于 IE 浏览器【文件】菜单中，共包含 3 种打印设置，分别是"页面设置""打印"和"打印预览"。其中，"页面设置"用于设置纸张大小、页边距、页眉和页脚等信息；"打印"用于设置打印范围、打印份数等信息；"打印预览"用于预先显示打印效果。

4. IE 浏览器的设置

IE 浏览器的"工具"菜单用于设置和管理浏览器的功能。常用的设置包括设置和更改浏览器主页、清除浏览器上网痕迹、处理 Internet 临时文件、弹出窗口阻止等。

设置浏览器主页作用是浏览器打开后自动访问主页网址。具体方法是，在

IE 浏览器窗口中，打开【工具】菜单，选择"Internet 选项"菜单项，在弹出的窗口中选择"常规"选项卡，主页项目设置中键入设置的主页网址如 http://www.sina.com.cn，这样每次打开 IE 浏览器时会自动访问新浪网站。另外，"常规"选项卡中还提供了删除临时文件、历史记录、Cookie、保存的密码和表单信息功能，方法是点击窗口中的"删除"按钮，在弹出的窗口中勾选相应的功能项后进行删除操作，操作界面如图 6-10 所示，这个操作界面也可以直接从【工具】菜单中单击"删除浏览器的历史记录"菜单项来打开。

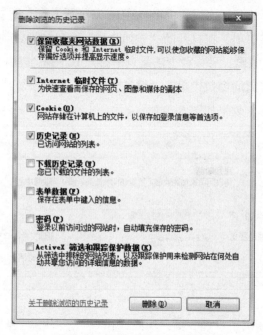

图 6-10　删除浏览器历史纪录

　　IE 浏览器还提供了阻止弹出窗口的功能，以防止不需要的网页随着其他网页自动打开。具体操作方式是，打开【工具】菜单，选择"弹出窗口阻止程序"菜单项的级联菜单项"弹出窗口阻止程序设置"，在弹出窗口的最下方下拉列表中选择相应的阻止级别。

6.2.3　移动通信设备访问因特网

　　移动通信设备携带方便、上网便捷，特别是近些年来无线基站数快速增长、覆盖范围迅速扩大以及无线上网费用降低，越来越多的人更倾向使用智能手机、平板电脑来联网查询信息、购买商品和服务。智能手机和平板电脑系统都安装了某款浏览器应用程序，用户可以下载安装自己习惯的浏览器。

不同厂商生产的移动通信设备所提供的上网功能大同小异，但是称谓不完全相同。华为、三星、HTC 等公司的手机产品，将无线网络功能描述为WLAN；谷歌平板电脑、苹果手机及平板电脑等设备则表述为 Wi-Fi。不同型号、不同类别的移动设备默认安装的浏览器往往不同，浏览器的界面结构差异也较大，有的浏览器的"后退""停止"等导航按钮在浏览器的下方，有的则位于浏览器上方导航栏左右。但所有的浏览器都提供了快捷访问网站的方式，提供了地址栏输入网址和搜索访问网站的方式，也提供了收藏网页、刷新网页等功能。

1. 使用平板电脑浏览器上网

在平板电脑中使用浏览器访问因特网之前，大多需要先通过无线联入局域网，首次加入某个局域网需要输入网络密码进行身份验证。

下图 6-11 所示的是一款 Android 系统的平板电脑开机后的主屏页面，系统默认安装的浏览器是 Chrome。打开无线联入局域网的方法是，点击"设置"图标并在"设置"功能界面中找到 Wi-Fi 选项，触摸滑动滑块按钮打开无线功能。打开无线功能之后，触摸点击主屏页面上的 Chrome 图标即可打开浏览器。Chrome 浏览器主界面与 Windows 7 系统下的 IE 浏览器的界面结构、使用方法基本一致，在地址栏中输入网址后，触摸点击右下方的"去往"按钮可以打开网站，如图 6-12。

图 6-11　平板电脑主屏界面

图 6-12　平板电脑打开无线功能

2. 使用智能手机浏览器

使用智能手机浏览器访问因特网与使用平板电脑浏览器有所不同。所有的智能手机除了可以通过 Wi-Fi 连接局域网访问因特网，还可以通过网络服务商提供的 3G 或者 4G 技术访问因特网。

图 6-13　某品牌手机的主屏页面

图 6-14　快捷设置面板

图 6-13 是某品牌手机的主屏页面，手机屏幕右下角的图标 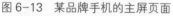 是系统默认安装的浏览器。触摸点击该图标可以打开浏览器访问网站。

通过手机中的"设置"功能可以打开或关闭 Wi-Fi 功能、移动上网功能。安卓系统的手机提供的快捷的操作方式是，从手机屏幕最顶端向下触摸滑动，快速打开手机常用设置面板。功能界面如图 6-14 所示，图中高亮显示的项目为功能启用或者打开。

苹果系统的手机和平板电脑也提供了快捷的操作，打开方式与 Android 系统不同，是从手机屏幕最底端向上触摸滑动。

 拓展知识

手机版网站

PC 机与手机等移动设备屏幕尺寸差别太大，普通网站不合适在移动设备上直接显示，许多公司和单位专门开发了网站移动终端版。例如手机搜狐网、

手机新浪网等分别是传统搜狐网和新浪网的手机版。

在网页布局上，与普通网站常用的左中右结构不同，手机网站通常为 1 列，页面高度较高，垂直滚动条较长；在管理上，手机浏览器除了提供收藏、刷新等功能之外，对复制文本、保存图片等功能支持较少。

6.3 组建小型局域网

 学习任务

了解局域网中常用的设备；了解路由器配置的主要参数和配置方法；掌握局域网组建的方法；掌握设置计算机 IP 地址的方法；熟练掌握局域网内共享资源的方法。

 动手实践

访问京东商城或者太平洋电脑、中关村在线等网站，搜索网线、路由器、水晶头等常用网络设备，查看流行的品牌、主要的参数、当前的价格以及使用方法等信息。

步骤 01 在 Windows 7 操作系统中打开 IE 浏览器，使用网址或者搜索的方法访问京东商城网站或者太平洋电脑、中关村在线网站；

步骤 02 进入到网站的"网络设备"版块，或者在网站中搜索相应的关键字，查询有关网络设备。

图 6-15 在网站中搜索网络设备

步骤 03　在搜索结果页面中，单击选择几个感兴趣的产品，查看商品详细介绍。

　基础知识

局域网可以方便地实现工作文档和应用软件共享，打印机和扫描仪等硬件设备共享，还可以实现电子邮件和传真通信服务等功能，通过局域网访问因特网是一种常用的上网方式。家庭或者办公室组建基于 Windows 7 系统的简易局域网，能够很方便地实现网内共享硬件设备，实现网内共享和传送电子文稿，实现多台设备同时访问因特网。

6.3.1　组网设备简介

家庭或者办公室组建局域网，除了需要带有网卡的台式机或笔记本、其他移动设备等终端之外，还需要交换路由、网线等设备。

1. 交换路由设备

交换路由设备用于连接网络传输介质，如双绞线、无线电波等，组建家庭或办公室小型网络一般采用集无线和有线功能一体的宽带路由器，这种路由器传输速率通常为 10/100Mbps，能够满足生活和工作需要。

组建局域网应根据实际需求选择合适的宽带路由器，下表 6-2 列出了宽带路由器的主要参数。当前主流的宽带路由器在传输速率上均能满足日常需求，一般都具备了防火墙、QoS 和 VPN 功能，选用设备时重点要考虑的是连接设备的数量、是否需要无线连接以及生活工作时所需的网络速度。

表 6-2　　　　　　　　　　　　　家用 / 办公路由器主要参数

参数（单位）	值	含义
传输速率（Mbps）	10 ~ 1000	数据传输交换速率
广域网接口（个）	1 ~ N	WAN 口，实现局域网对外连接
局域网接口（个）	2 ~ N	LAN 口，实现局域网内部连接
无线功能（有 / 无）	1/0	提供无线联网功能

下图 6-16 是某品牌的无线有线一体的宽带路由器，它具有 1 个 WAN 口和 4 个 LAN 口，理论上无线传输最大范围为 450m，可同时支持 16 个 WIFI 设

备连接。如果用户数量较多，购置 1 台宽带路由器不能够将所有设备组网，可以考虑再级联另一个交换路由设备。图 6-17 是某品牌交换机，它提供了应用层级数据存储转发，具有 24 个 LAN 口。两个设备组合，局域网中可连接 26 个有线设备和 16 个无线设备。

图 6-16　某品牌 4 口无线路由器　　图 6-17　某品牌 24 口智能交换机

2. 网线

局域网内最常用的网线是非屏蔽双绞线，其优点是柔韧性好、弯曲方便且不容易被折断。其中 5 类或者超 5 类双绞线传输速率达到了百兆甚至千兆，有效距离可达 100 米，能够满足绝大多数小型局域网建网需求。

图 6-18 是按照标准安装了水晶头的网线。

图 6-18　安装水晶头的网线

网线的一端连接终端设备的网卡，另一端连接路由交换设备，两端都需要安装水晶头连接器。安装水晶头连接器时，需要使用专用的网线钳工具，按照剥去胶皮、线缆排序、压直裁剪、压线检查的次序安装。安装水晶头时，尤其要注意的是线缆排序，实际的网络工程施工中普遍使用的是 EIA/TIA 568B 的线序，即线缆安装遵循橙白、橙、绿白、蓝、蓝白、绿、棕白、棕的次序。

6.3.2　小型局域网组建

组建小型家用或者办公用的局域网，需要有 1 个或者 1 个以上外网连接线、对应的单 WAN 口或者多 WAN 口的路由器、若干台计算机以及若干条安装水晶头的网线。家庭使用的外网连接线一般情况下由网络服务供应商来安装，办公使用的外网连接线一般是连接单位的局域网。将外网连接线接入路由器的 WAN 口，就实现了路由器与外网的物理连接；网线的一端连接计算机的网卡，另一端连接路由器，完成计算机与路由器的物理连接。这样，一个小型的局域网在物理上组建就完成了。如果选用的路由器具备无线功能，局域网内还可以连接多台具备无线网卡的计算机以及手机、平板电脑等移动设备。

如果选用图 6-16 的无线路由设备，可以组建一个最多 4 台有线连接、16 台无线连接的终端计算机的局域网络。

1. 路由器的设置

路由器连接完成以后，首先要设置路由器的参数。假如路由器的 IP 地址是 192.168.1.1，我们在浏览器中键入这个 IP 地址访问该路由器，在弹出的登录窗口中输入路由器手册提供的用户名和密码，如图 6-19 所示。

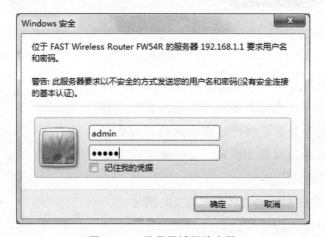

图 6-19　登录局域网路由器

不同厂商的路由器管理界面是不相同的，但设置项目基本一致，下面以某品牌无线路由为例简介路由的设置方法。图 6-20 为路由管理程序主界面窗口，窗口左边一列是参数项目导航，可以点击相关的项目进行设置操作。主要需设置的参数为"网络参数""无线参数""DHCP 服务器"等。下面分别介绍参数的含义和设置方法。

"网络参数"中需要设置的是 WAN 口、LAN 口。WAN 口是局域网对外的接口，WAN 口的类型设置应该根据局域网对外连接方式的不同而选择PPPOE、静态或者动态。LAN 口是对内接口，设置 LAN 口目的是为路由器分配一个局域网 IP 地址，例如 192.168.1.1，以便访问管理。

如果路由器支持无线功能，"无线参数"设置中最重要的是无线连接密码项。设置之后，任何无线设备连入此局域网，必须输入该密码。

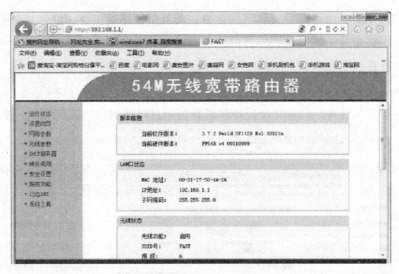

图 6-20　路由器管理程序

　　"DHCP 服务器"中提供为局域网的设备分配 IP 地址、查看终端设备连接情况等功能。路由器可设置为动态分配 IP，这样每个新加入局域网的设备均将获取由路由器自动分配一个 IP，并且自动联入局域网；也可以设置为静态分配 IP，终端用户需要向网络管理员咨询索要一个有效的 IP 并在终端设备设置才能加入局域网。图 6-21 显示的设置动态分配 IP 地址，且分配的范围为 192.168.1.100 ～ 192.168.1.106，允许 7 个终端设备同时连入网络。

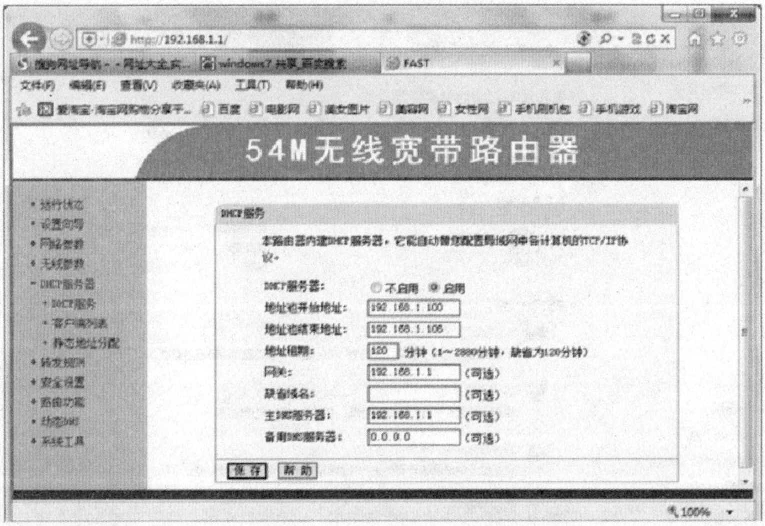

图 6-21　路由器 DHCP 设置

配置完成路由器之后，局域网便可以与外部网络通信了，联入局域网的设备现在能够通过局域网访问外部网络。

2.计算机设备联入局域网

通过 Windows 7 操作系统的控制面板中"网络和 Internet 选项"之下的"查看网络状态和任务"，可以查看计算机是否通过局域网已连入因特网。图 6-22 是计算机未连入因特网的状态，图 6-23 是已加入局域网的状态。

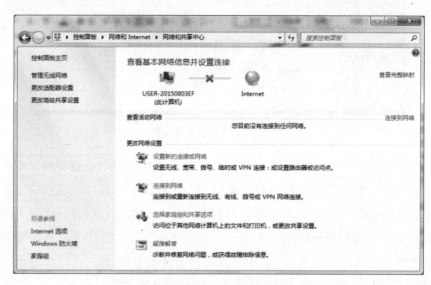

图 6-22 未连入互联网的状态

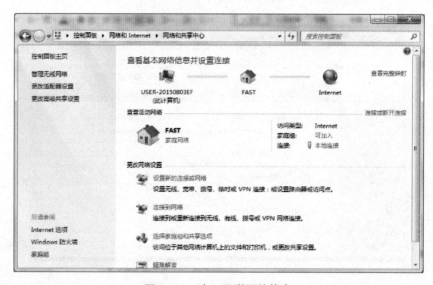

图 6-23 连入互联网的状态

　　无论是通过有线还是通过无线连接到局域网路由器，连接成功后 Windows 7 操作系统会自动弹出一个如图 6-24 所示的"设置网络位置"窗口，由用户选择该网络的应用性质。如果是无线连接，首先需要手动选择无线网络并输入相关密码。先单击 Windows 7 任务栏上的 ▦ 图标，在弹出的无线路由列表中单击选择局域网路由名字，按下所选无线路由选项中"连接"按钮如图 6-25 所示。

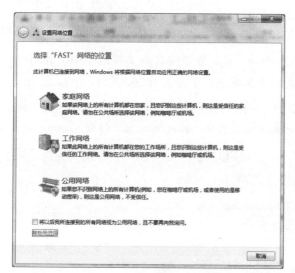

图 6-24　设置局域网应用性质

图 6-25　选择无线路由设备

　　接下来在弹出的如图 6-26 窗口中输入连接密码，单击确定后完成无线连接。完成连接后，同有线连接一样 Windows 7 操作系统要求设置计算机的网络位置。无线连接完成后，Windows 7 任务栏上的 ▦ 图标变成了 ▥；有线连接局域网不成功的图标样式是 ▦ ，有线连接局域网成功的图标样式是 ▥ 。

图 6-26　连接无线网输入密码

3. 为计算机设置 IP 地址

刚联入局域网的计算机，默认的适配器连接属性中设置的是自动获取 IP 地址。这个过程不用手工设置，联网计算机主动向局域网路由器发出 IP 申请，网络服务器或者路由器的动态分配一个 IP 地址给计算机，计算机自动获取此 IP 地址。当计算机设备关闭或者停止使用网络后，此 IP 地址可能被收回以供其他设备使用。笔记本电脑、手机和平板电脑等设备通常情况下无线上网都使用自动获取 IP 地址的方式。

动态获取 IP 地址为移动上网提供了方便，而静态配置 IP 对网络安全管理起着很重要的作用。静态配置 IP 需要关闭服务器或者路由器的 DHCP 服务。关闭 DHCP 服务后，加入局域网的设备必须手动设置 IP 地址，此 IP 地址由网络管理员提供。假如 192.168.1.101 是管理员为某台计算机分配的 IP 地址，需要将此 IP 地址设置到本地连接或者无线连接上。操作方法是，通过"控制面板"或者任务栏的网络连接图标，打开"网络和共享中心"窗口，单击"更改适配器设置"选项打开如图 6-27 网络连接窗口。

图 6-27　网络连接管理窗口

鼠标右击"本地连接"图标或者"无线网络连接"图标，在弹出菜单中选择"属性"菜单项，打开"网络连接属性"对话框，选择 Internet 协议版本 4，如图 6-28，单击其中的"属性"按钮打开如图 6-29 所示的窗口，填入所分配的 IP 地址和 DNS 地址并确认。

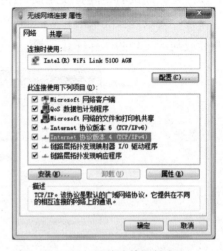

图 6-28　网络连接属性窗口

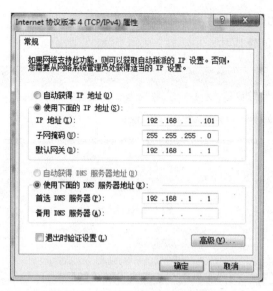

图 6-29　计算机 IP 地址设置窗口

6.3.3　局域网内资源共享

1. 使用"家用网络"实现资源共享

一般情况下,家庭局域网中,所有计算机设备连入后都要加入到"家用网络"组。"家用网络"中可以方便的设置图片、音乐、视频、音乐或者打印机等资源共享。操作步骤如下:

（1）将本局域网中的一台计算机设置为"家用网络"组。如果之前没有创建家庭网络，那么可以在如前图 6-23 窗口中单击"家庭网络"创建。如果已经创建或者已经加入别的"家庭网络"，可以先离开然后再创建。

（2）在弹出的如图 6-24"设置网络位置"窗口中选择"家庭网络"选项。弹出如图 6-30 的窗口，选中所需要的选项后单击"下一步"按钮。

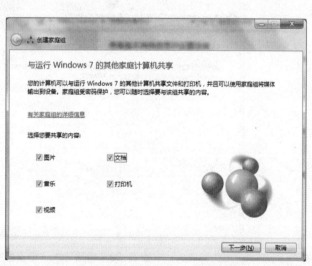

图 6-30　家庭网络中创建家庭组

（3）弹出如图6-31所示的创建家庭组完成窗口，单击"完成"按钮后，局域网的家庭组创建成功。

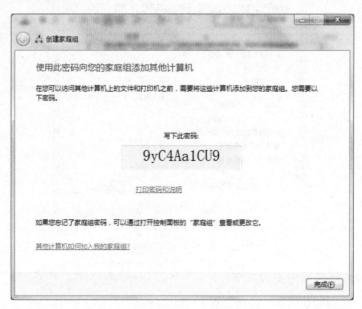

图 6-31　完成家庭组创建

接下来，将局域网内其他计算机加入本家庭组内。第（1）步和第（2）步与前面相同，不过第2步单击"下一步"按钮之后，弹出如图6-32所示的窗口。

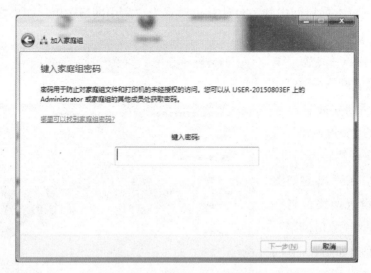

图 6-32　申请加入一个家庭组

在加入家庭组窗口的文本框中输入创建家庭组时 Windows 7 生成的密码，单击"下一步"按钮，弹出窗口提示加入家庭组成功。

访问家庭组共享资源的方法是，Windows 7 操作系统桌面上双击"计算机"图标，单击其中"家庭组"选项下的其他计算机名称，即可访问该计算机"库"下面的图片、音乐、视频和音乐资源，如图 6-33 所示。

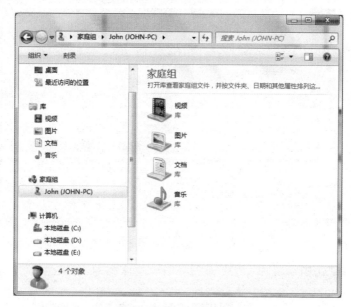

图 6-33　访问家庭组共享资源

需要说明的是，只有 Windows 7 专业版以上的版本才能创建家庭组，Windows 7 简易版和家庭版可以加入家庭组，但是不可以创建家庭组；XP 以及以前的操作系统不能够创建也不能加入家庭组。另外，家庭组的所有计算机必须在同名工作组中，连接到局域网之后要启用网络和文件发现功能，且每台计算机的名称不能相同。

2. 家庭网络"库"外资源共享

默认情况下，加入"家庭网络"的计算机相互共享的仅仅是"库"文件夹，也就是说，如果要共享某个资源，需要将这个资源复制到"库"的子文件夹中。

我们可以通过添加共享的方法，将"库"文件夹外的资源实现"家庭网络"内部共享。例如，本地磁盘（D：）下的"数学实验"文件夹需要局域网内实现共享，可以右击"数学实验"文件夹，弹出菜单中选择"共享"菜单项的"家庭组（读取 / 写入）"项。这样家庭组中其他的计算机便可以读取 / 写入此计算机 D 盘下的"数学实验"文件夹了。访问效果如图 6-34。

图 6-34　访问其他共享资源

 拓展知识

利用网络共享文件

　　如果局域网内不方便实现家庭组，需要通过设置 Windows 7 操作系统的用户、访问权限、共享设置等多个项目来实现文件资源共享。相比而言，家庭组的共享设置方式比较简单，但是受到了操作系统的限制。

　　利用因特网来实现文件资源的共享和传输，不需要本地机做任何设置，是一种简单有效的方法。例如，利用 QQ 聊天提供了群聊功能，群成员可以下载其他成员发布到群空间的共享的文件。

6.4　局域网常见故障及修复

 学习任务

　　了解常见的局域网故障种类；掌握常用网络故障检测与排除故障的方法；掌握网速变慢的常见原因及修复方法。

动手实践

在网络中，每台设备的 IP 地址是唯一的。可以在 Windows 7 操作系统命令窗口中使用"ipconfig"指令查看本地计算机的 IP 地址。

步骤 01 单击任务栏"开始"菜单，选择"所有程序"→"附件"→"命令提示符"，打开 Windows 7 操作系统命令窗口；

步骤 02 在命令窗口中，输入 ipconfig，回车；

步骤 03 查看命令窗口的运行结果。

基础知识

网络故障指的是由于软件和硬件的自身，或者病毒的侵入等问题而引起的网络无法提供正常服务、网络服务质量降低的状态。网络长期运行中不可避免要出现故障。引起网络故障原因很多，网络故障产生的现象也很多。本节对小型局域网中出现较多的网络故障进行介绍，对浏览器访问网页速度慢的现象提供应对方案。

从故障性质角度看，网络故障可分为物理故障和逻辑故障两大类。硬件设备损坏、线路接触不良均会引起网络硬件故障；逻辑故障指的是网络设备配置错误引起的网络故障，如路由器配置错误、服务器软件错误等。

从物理位置角度看，网络故障可分为本地故障、线路故障、路由故障和外网故障。本地故障指的是终端上网设备自身发生了问题；线路故障指的是连接终端设备和交换路由设备之间的线路产生的故障；路由故障指的是路由硬件损坏或者配置出现问题；外网故障指的是局域网之外发生的故障。

从造成故障的原因角度看，网络故障分为配置故障、连接故障和安全故障。配置故障指的是路由器或者服务器对终端设备配置内容不当而产生的故障；连接性故障指的是终端设备之间信息传输中断或不完整；安全故障指的是因系统漏洞、黑客入侵或者病毒感染引起的、可能会威胁网络安全的故障。

网络故障检测、故障排除及故障修复是一项非常复杂的工作，一般由网络管理人员来检测和维护。对于个人计算机上和局域网中的简单网络故障，可以自己动手尝试修复。

6.4.1　常见局域网上网故障及应对

当发现无法访问因特网时，首先要确定是个人设备无法访问因特网还是局域网中的其他设备也无法访问因特网，从而简单判断网络故障发生位置、影响的范围。

1. 仅个人设备无法联网

个人设备出现网络故障，局域网内其他设备联网正常，这种故障属于本地故障，本地故障较容易识别和排除。本地故障一般发生在个人计算机上，或者是个人计算机与局域网交换路由设备的连接线路上。本地故障发生时，计算机无法实现与局域网路由器的正常通信。

出现本地故障时，首先要回忆发生故障之前对操作系统、计算机、网络设备以及其他设备是否做了一些操作，逐个分析哪项操作可能会改变网络状态。比如，是否改变了计算机的 IP 地址或者 DNS 地址，是否改变了网络连接，是否搬动了计算机和网络设备或者办公桌椅，是否移动或者插拔了网络连接线等。

可以使用Windows 7操作系统自带的命令"ping"检测网络故障。方法是，在"开始"菜单中选择"所有程序"，单击"附件"菜单项并选择 ![命令提示符]，打开的命令窗口使用 ping 命令检测网络通信。Ping 命令是 Windows 7 操作系统自带的信息包发送和接收状况的工具。常用的操作有三种，即：ping 127.0.0.1、ping 本机 IP 地址、ping 其他主机 IP 地址。

"ping 127.0.0.1"命令用于回路测试 TCP/IP 协议的安装是否正确，"ping 本机 IP 地址"用于检查本地机网卡设备是否正常安装，"ping 其他主机 IP 地址"用于检查本地设备与其他主机设备之间的连接是否正常。假如局域网路由器 IP 地址是 192.168.1.1，命令"ping 192.168.1.1"可以测试计算机到局域网路由器之间的通信是否存在故障。图 6-35

图 6-35　命令窗口中测试网络连接

测试结果表明，计算机与局域网路由器的通信出现了一般故障，而 TCP/IP 协议安装没有问题。

Windows 7 操作系统提供了 ipconfig 命令，用于查看系统有线网络或者无线网络的 IP 地址、网关和子网掩码等信息。使用方法与 ping 命令相同，在命令窗口中直接输入"ipconfig"后回车即可。

2. 多个设备无法联网

局域网中多个设备或者多个用户突然都不能访问因特网，不属于本地故障。这时，不要急于尝试调试和改变计算机网络状态，也不要立即调试路由器。

整个局域网都无法对外通信有多种故障可能性，可能是 ISP 的服务中断，需要耐心等待服务恢复；也可能是施工造成的骨干网线损坏，需要等待网线修复。发现整个局域网与因特网断开时，最好先咨询网络管理员，了解断网原因。

局域网的交换 / 路由设备故障也能够造成整个局域网不能与因特网通信。通常的应对方法有重新启动交换机 / 路由器，检查路由器的状态和设置，如果有条件可以更换交换机 / 路由器进行测试。

家用局域网出现不能连接因特网现象时，如果能排除了外界因素，可以尝试将路由器断电几分钟再重新通电。

6.4.2　网速变慢的原因及应对

家用局域网或办公室局域网的构造简单，联网设备和网络服务较少，现在的网络通信技术已经比较成熟，市售的网络通信设备大都比较稳定，不会经常出现网络通信问题和网络服务故障。但是几乎每个人使用计算机或者移动设备访问因特网，都遇到过上网速度变慢，甚至网页打不开的情况。这通常与网络硬件设备及配置无关，问题更多出现在本地计算机或移动设备自身上。

掌握了常见的影响网速的原因、及时采取恰当的应对方案，能够改善设备联网性能，提高工作效率。生活中网速变慢原因及应对方案如下表 6-3 所示。

表 6-3　　　　　　　　　　　影响网速的原因及解决方案

可能的原因	特征表现	检查手段及应对方案
设备陈旧、配置较低	设备各种设置和操作均不流畅，重启后状况略有改善	使用高性能设备在局域网中测试以便确认
系统感染病毒或者木马	上网速度明显变慢或者有较多的弹出窗口	安装升级杀毒软件和防火墙，全盘查杀

（续表）

可能的原因	特征表现	检查手段及应对方案
其他设备占用较多带宽	网速突然间变慢或者时快时慢	查看是否有人开启高速下载，网内是否较多用户开启视频播放
对方网站出口带宽不足	某一个网站访问速度慢，其他网站正常	在计算机上使用 ping 命令测试连接网速，加以验证
上网临时文件太多	非上网操作速度正常，上网速度慢	手动或者使用管理软件清理临时文件
网络带宽不足	下载、视频、网络游戏速度较慢，多台设备同时上网速度慢	申报办理更高的带宽，如 2M 升到 10M，10M 升到 20M
广告插件、流氓插件	自动弹出窗口、打开新网页	使用管理软件卸载

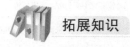 拓展知识

网络故障的排查

接到网络故障报告后，维护人员首先会要求故障现象重新展现。在此过程中，维护人员获取并收集到了故障的现象、故障影响的范围、故障发生的软件和硬件环境等方面的故障信息。下面的工作是，从故障现象出发判定故障的类型和故障位置范围，查找故障根源并寻求解决办法。

经验丰富的网络管理人员通常按照"从简单到复杂""从软件到硬件""从本地到外地"的原则检测网络故障。

本章小结

计算机网络与我们日常生活和工作息息相关。本章主要介绍计算机网络基础知识和因特网的相关知识，重点是使用浏览器访问、收藏和保存网站的方法；介绍组建小型局域网实现打印机和文档共享、使用浏览器上网的方法，简单介绍家用和办公中网络常见上网故障以及故障修复方法。

 课后练习

1.因特网提供的常用服务有哪些？

2. 什么是 IP 地址？什么是域名？

3. 网络中常用的连接介质有哪些，各有什么特点？

4. 使用浏览器上网时，怎样收藏、保存网页？如何保存网页上的文字、图片信息？

5. 谈谈如何使用手机、平板电脑等移动设备访问因特网。

6. 简要说明组建一个家庭或者办公室局域网需要哪些设备，这些设备都起着什么作用。

7. 谈谈如何实现局域网内文件和文件夹共享。

8. 局域网中常见的故障有哪些？出现故障的原因有哪些？

9. 结合实际谈谈自己排除网络故障的经验。

第 7 章　计算机安全

 学习目标

了解：常用计算机安全技术；最新的计算机病毒概况。

掌握：恶意代码的概念；计算机病毒、计算机蠕虫和木马的基本知识。

熟练掌握：计算机安全的基本知识；保护计算机信息安全的基本方法；计算机安全软件的安装和使用方法；Windows 7 操作系统更新与还原的方法。

随着科学技术的进步和计算机技术的迅猛发展，计算机和网络已经深刻影响人们的生产和生活方式，例如办公、购物和电子银行等都通过计算机和网络进行，它既为发展带来机遇，也给计算机安全带来严峻挑战。计算机安全的概念也已经不局限于单台计算机范围，而是扩展到了由计算机网络连接的全球范围。

7.1　计算机安全概述

 学习任务

了解计算机安全技术，理解计算机安全的重要性，熟练掌握计算机安全的基本知识和保护计算机安全的一些方法。

 动手实践

结合"棱镜门"事件思考国家信息安全建设应该注重哪些方面，并考虑如何规避个人计算机安全风险问题。

 基础知识

7.1.1　计算机安全的基本知识

中央网络安全和信息化领导小组在 2014 年 2 月 27 日举行第一次会议，该小组组长、中共中央总书记习近平提出建设"网络强国"的战略目标，并提出了"网络安全和信息化是事关国家安全和国家发展、事关广大人民群众工作生活的重大战略问题""没有网络安全就没有国家安全，没有信息化就没有现代化""建设网络强国的战略部署要与'两个一百年'奋斗目标同步推进"等重要论断。

2014 年 5 月 26 日国内媒体披露的《美国全球监听行动记录》，使得原本平息的美国"棱镜门"事件再次进入公众的视野之内，再次凸显了网络信息安全无比重要，将深刻影响着网络时代的国家治理和国际规则。计算机安全既与民众日常生活息息相关，又与国家安全密不可分，所以我们每个人都要注重计算机安全，安全警钟长鸣。

1. 计算机安全的定义

计算机安全是指保护计算机系统，使其没有危险，不受威胁，不出事故。计算机安全技术专家 Bruce Schneier 曾经说过这样一段话："如果把一封信锁在保险柜中，把保险柜藏起来，然后告诉你去看这封信，这并不是安全，而是隐藏。相反，如果把一封信锁在保险柜中，然后把保险柜及其设计规范和许多同样的保险柜给你，以便你和世界上最好的开保险柜的专家能够研究锁的装置，而你还是无法打开保险柜去读这封信，这才是安全。"

根据国际标准化组织（ISO）的定义，计算机安全是指为数据处理系统建立的技术的和管理的安全保护，保护计算机硬件、软件和数据不因偶然的或恶意的原因而遭到破坏、更改和泄露。

中国公安部的定义是：计算机安全是指计算机资产安全，即计算机系统资源（软件、硬件，配套设施，文件资料等）和信息资源（计算机系统所处理、存储和传输的各类数据与信息）不受自然和人为有害因素的威胁和危害。

2. 计算机安全的目标

计算机安全的目标是使全部计算机系统资源保持正常状态。包括：

（1）硬件设备及有关设施运转正常；

（2）系统服务正常；

（3）各种系统软件及所需的应用软件（包括相关文档）完整、齐全；

（4）系统的信息资源完整、有效，不被非法使用。

3. 计算机安全问题

现在的时代，计算机安全已经与网络安全、信息安全和信息保障等紧密相关，计算机安全涉及的内容也非常广泛，不仅涉及计算机本身的技术问题、管理问题，还涉及法学、犯罪学、心理学的问题。其内容包括了计算机安全理论和策略，计算机安全技术、安全管理、安全评价、安全产品以及计算机犯罪与侦查、计算机安全法律、安全监察等。概括起来说，计算机的安全问题可以分为三大类：技术安全类、管理安全类和政策法规类。

4.计算机安全的属性

美国国家信息基础设施（National Information Infrastructure，NII）的文献提出安全的五个属性：可用性、可靠性、完整性、保密性和不可抵赖性。这五个属性广泛适用于国家信息基础设施的教育、医疗、运输、国际安全、通信等领域。

可用性是指得到授权的实体在需要时可以访问资源和服务。

可靠性是指系统在规定条件下和规定时间内，完成规定功能的概率。

完整性是指计算机系统的信息不被偶然或蓄意地删除、修改、伪造、乱序、重放、插入等破坏的特性。

保密性是指确保计算机系统的信息不暴露给未授权的实体或进程。

不可抵赖性也称不可否认性。不可抵赖性是面向通信双方（人、实体或进程）信息真实统一的安全要求，它包括收、发双方均不可抵赖。

7.1.2　计算机安全的范畴

计算机安全范畴主要涉及实体安全、软件安全、数据安全、网络安全和运行安全等。

1.实体安全

实体安全指保护计算机硬件设备、设施以及其他媒体免遭破坏的措施和过程。包括环境安全、设备安全和媒体安全三方面。

2.软件安全

软件安全首先是指操作系统和应用软件本身是安全可靠的；其次是指对软件的保护，即软件应当具有防御非法使用、非法修改、非法复制的能力。

3.数据安全

数据安全主要是保护信息数据的完整性、可靠性、保密性，防止被非法修改、删除、使用和窃取等。

4.网络安全

网络由资源子网和通信子网组成，所以对网络安全来讲，主要包括两部分，一是资源子网中各计算机系统的安全性；二是通信子网中的通信设备和通信线路的安全性。

5. 运行安全

运行安全指对运行中的计算机系统的实体和数据进行保护。保护范围包括计算机软件和硬件系统。它侧重于保证系统正常运行，避免因系统的崩溃和损坏而对存储和传输的信息等造成破坏和损失。运行安全包括风险分析、审计跟踪、备份与恢复和应急四个方面。

7.1.3 保护计算机安全的主要技术

计算机安全技术是一门综合学科，它涉及信息论、计算机科学和密码学等多方面知识，它的主要任务是研究计算机系统和通信网络内信息的保护方法以实现系统内信息的安全、保密、真实和完整。计算机安全服务的主要技术包括：身份认证技术、访问控制、数据加密、防火墙、入侵检测等。

1. 身份认证

身份认证是指对用户身份的正确识别和验证。识别是指要明确访问者的身份，每个用户使用的标志各不相同。验证是指访问者声明身份后，系统对他的身份的检验，以防止假冒。目前广泛使用的验证有口令验证、信物验证等。

2. 访问控制

访问控制决定了哪些用户能够访问系统，能访问系统的何种资源以及如何使用这些资源。通过对用户身份认证，确定该用户对某一系统资源的访问权限。例如，当你到银行取款时，要出示你的存折和身份证。出纳员核实了你的身份后，证明你是合法用户之后，允许你访问你自己的信息，访问授权的信息，但是只能访问你自己的信息。

3. 数据加密

密码技术是保障信息安全的核心技术，包括对信息进行加密和解密，加密技术的核心是加密和解密算法。密码技术是结合数学、计算机科学、电子与通信等诸多学科于一身的交叉学科，它不仅具有保证信息机密性的加密功能，而且具有数字签名、身份验证、密码分存、系统安全等功能。所以，使用密码技术不仅可以保证信息的机密性，而且还可以保证信息的完整性和确定性，防止信息被篡改、伪造和假冒。

4. 防火墙

防火墙是一种采用计算机硬件和软件的结合，将内部网和公众访问网分开的方法。它实际上是一种隔离技术，主要由服务访问规则、验证工具、包过滤和应用网关四部分组成。设置防火墙的目的是保护内部网络资源不被外部非授权用户使用，防止内部受到外部非法用户的攻击。通过检查所有进出内部网络的数据包的合法性，判断是否会对网络安全构成威胁，是内部网络的第一道安全边界。

5. 入侵检测

入侵检测是对入侵行为的检测。它通过收集和分析网络行为、安全日志、审计、数据和其他网络上可以获得的信息以及计算机系统中若干关键点的信息，检查网络或系统中是否存在违反安全策略的行为和被攻击的迹象。入侵检测作为一种积极主动的安全防护技术，提供了对内部攻击、外部攻击和误操作的实时保护，在网络系统受到危害之前拦截相应入侵。是防火墙之后的第二道安全闸门。

7.1.4　计算机信息的安全与保密

当今时代是科技高速发展的信息时代，我们在享受计算机科技发展带来的无限便捷的同时，也正面临着它所带来的风险。对于政府、军事、科技、商业经济等部门的机密信息，如果被泄露、窃取、篡改或破坏等，将涉及国家机密安全。而团体或个人信息如果遭到泄露等，可能会涉及被诈骗或遭受直接经济损失等问题，信息安全问题已经渗透在我们的生活中。因此必须增强信息传播的安全与保密的意识，并采取各种有利的防范措施，做好计算机安全保障。

保护计算机信息安全，一方面需要安全专家不断探索新的安全技术，研发新的安全产品；一方面需要严格的安全保密管理制度，更重要的则是每个人掌握安全基础知识，懂得如何保护个人信息，规避计算机保密风险。

1. 重要文件的备份和加密

重要的文件一定做好备份，特别是对不易恢复的数据可以使用刻录光盘的方法进行完全备份。Windows 7 操作系统提供了 BitLocker 磁盘加密工具可以对磁盘加密。对于特别重要的文件可以单独加密，并选择合适的存放位置。

2. 临时文件使用完毕后的删除和清理

在工作生活中，有些安全性要求较高的临时文件、过期文件等需要通过碎纸机进行粉碎。在计算机中，电子文档同样也有粉碎概念，之所以要粉碎是因为有些文件删除后可以恢复。在"回收站"中删除的文件，在操作系统层面，已经不能恢复了，但是通过恢复软件等仍然可以恢复该文件。为了使文件不能恢复，需要对文档进行"文件粉碎"操作，可以使用专门粉碎文件的软件进行该操作。

3. 对于共享目录、共享文件的设置

通过共享目录、共享文件，可以随时进行文件或信息的传递，提高工作效率，是办公室工作常用的设置。在设置共享时，用户应根据实际工作需要来设置访问权限。同时应注意，不将无关文件放在共享文件夹内。

4. Windows7 账户的设置

Windows 7 操作系统登录的管理员用户必须设置高强度密码，可以是字母、数字、符号的组合，并定期更换。可以开启 guest 账号给一般用户使用或者为专人建立专用账号等措施来提高操作系统的安全性。设置账号就同样要设置相应密码。例如，有些用户不设置密码，或者设置类似于"111""123456""aaa"等这样简单的密码，就少了安全性。因为有一些网络病毒是通过猜测简单密码的方式攻击操作系统的，使用高强度的密码，会大大提高计算机的安全系数。

5. 日常工作生活中的安全习惯

（1）升级操作系统安全补丁。计算机安装完成操作系统之后，应在第一时间进行系统升级，修补所有已知的安全漏洞。在日常使用中，对于正版操作系统同样应该及时下载安装操作系统的安全补丁。因为大量网络病毒是通过操作系统安全漏洞进行传播的，像"蠕虫王""冲击波""震荡波"等。

（2）严格遵守上网的规定。在上网过程中，不打开来历不明的邮件、附件或链接，不浏览不了解的网站，不执行从网络上下载后未经杀毒处理的软件等。

（3）安装专业的杀毒软件进行全面监控并及时进行软件升级。安装专业杀毒软件，并经常进行升级，打开主要监控。

（4）开启 Windows 7 防火墙。打开"控制面板"，选中"windows 防火墙"，设置启用。也可以安装个人防火墙软件，将安全级别设为中或以上，这样才能更有效地防止网络上的攻击。

（5）注意移动设备的安全。一方面，通过移动设备传递文件时，容易造成计算机病毒交叉感染，所以使用移动设备时先进行病毒查杀；另一方面，移动设备容易丢失，这样容易造成信息泄露。

另外，在这个信息时代，各种先进技术和通讯软件更新换代非常快速，出现了许多新生事物，如可视电话、微博、微信、QQ软件、电子银行、信用卡等。这些事物的共同特点就是方便了我们的生活，提高了生活质量，但同时，也带来了信息安全问题。例如，QQ和微信的密码要防止泄露，警惕诈骗；带有个人信息的材料避免随便丢弃等等。对于有机密要求的部门，更要严格按照相关法律政策来使用计算机。例如：不将机密文件存放于公共网络中，严格遵守《保密法》等。

 拓展知识

新时代计算机的安全问题

互联网环境已经出现了新的变化，第一方面是新的计算环境，即云计算和虚拟化；第二方面是新的网络环境，包括移动互联网、物联网、软件定义网络等等；第三方面是大数据。这些新的变化，带来诸多便利和优势的同时，也对计算机安全提出了新的需求和挑战。

7.2 恶意代码

 学习任务

理解恶意代码的概念，掌握计算机病毒、计算机蠕虫和木马的基本知识。

 动手实践

采用安全保护措施，设置自己的电脑，防御计算机病毒入侵，保护计算机的安全。

步骤01　将计算机的登陆口令设置为高强度口令；

步骤02　将计算机内存储的重要文件进行备份；

步骤03　在自己的电脑安装计算机安全软件，并进行病毒查杀和垃圾清理；

步骤04　培养日常使用计算机过程中的安全习惯。

 基础知识

7.2.1 恶意代码的基本知识

计算机安全问题如此重要，那计算机安全受到哪些方面的威胁呢？对计算机系统而言，威胁包括恶意代码（也称恶意软件）、安全入侵者、拒绝服务、会话劫持等，其中恶意代码是最常见的威胁。

1. 恶意代码的概念

维基百科中，恶意代码定义描述为：恶意代码是在未被授权的情况下，以破坏软硬件设备、窃取用户信息、扰乱用户心理、干扰用户正常使用为目的而编制的软件或代码片段。这个定义涵盖的范围非常广泛，所有敌意、插入、干扰、讨厌的程序和源代码都可以称为恶意代码，包括计算机病毒、蠕虫、木马、Rootkits、间谍软件、恶意广告、流氓软件、逻辑炸弹、智能终端恶意代码等恶意的软件及代码片段。

2. 恶意代码的特征

恶意代码有三个特征：

（1）目的性。目的性是恶意代码的基本特征，是判别一个程序或代码片段是否为恶意代码的最重要的特征，也是法律上判断恶意代码的标准。

（2）传播性。传播性是恶意代码体现其生命力的重要手段。恶意代码总是通过各种手段把自己传播出去，到达尽可能多的软硬件环境。

（3）破坏性。破坏性是恶意代码的表现手段。任何恶意代码传播到了目的软硬件系统后，都会对系统产生不同程度的影响。它们发作时轻则占用系统资源，影响计算机运行速度，降低计算机工作效率，使用户不能正常使用计算机；重则破坏用户计算机的数据，甚至破坏计算机硬件，给用户带来巨大的损失。

3. 恶意代码的分类

恶意代码的分类标准主要是代码的独立性和自我复制性。按照是否独立，恶意代码可以分为独立型和宿主型。独立的恶意代码是指具备一个完整程序所应该具有的全部功能，能够独立传播、运行，不需要寄宿在另一个程序中。宿主型的恶意代码是一段代码，必须嵌入某个完整的程序中，作为该程序的一个组成部分进行传播和运行。对于独立恶意代码，自我复制过程就是将自身传播给其他系统的过程。不具有自我复制能力的恶意代码必须借助其他媒介进行传播。本节主要讲述 3 种恶意代码：计算机病毒（以下简称病毒）、计算机蠕虫（以下简称蠕虫）和特洛伊木马（以下简称木马），其中病毒和木马是最常见。

7.2.2　计算机病毒

病毒这种称谓是借用的生物学的概念，它与生物病毒相同的是，具有复制和传播能力。与生物病毒不同的是，计算机病毒是一组指令集合或者程序，是人为制造出来的，有时一旦扩散后，连编者自己也无法控制。

1.病毒的概念

《中华人民共和国计算机信息系统安全保护条例》第二十八条对计算机病毒明确定义为：计算机病毒，是指编制或者在计算机程序中插入的破坏计算机功能或者毁坏数据，影响计算机使用，并能自我复制的一组计算机指令或者程序代码。这是传统意义上的病毒概念，主要包括引导区型病毒、文件型病毒以及混合型病毒。

计算机病毒是一种可感染的宿主型恶意代码，它寄生在其他文件或可执行程序中，随着其他文件的运行而激活，然后驻留在内存以便进一步感染或破坏，具有很强的隐蔽性和破坏性。传统病毒主要是针对单台计算机内的文件系统。计算机病毒的危害主要有：对计算机数据信息造成直接破坏，占用磁盘空间，抢占系统资源，影响计算机运行速度甚至使操作系统瘫痪以及其他不可预见的危害。

2.病毒的特征

计算机病毒是一组指令集合或者程序，它隐藏在正常程序中，具有正常程序的一切特征，当条件触发时，它窃取到系统的控制权，先于正常程序执行，从而危害用户计算机的安全。它主要有如下几个特征：

（1）传染性。病毒具有把自身复制到其他程序中的特性，是否具有传染性是判别一个程序是否为电脑病毒的最重要条件。例如图 7-1 的一种病毒。

（2）破坏性。病毒侵入系统后，都会对系统及应用程序产生不同程度的影响。轻者会降低计算机工作效率，占用系统资源，重者可导致系统崩溃。

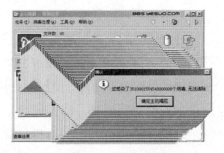

图 7-1　一种病毒

（3）潜伏性。病毒可长期隐藏在系统中，只有在满足其特定条件时才启动其表现模块，只有这样它才能进行广泛的传播。如"PETER-2"在每年 2 月 27 日会提示 3 个问题，用户答错后，其会将硬盘加密。著名的"黑色星期五"

在每逢 13 号的星期五发作。当然，最令人难忘的便是 26 日发作的 CIH 病毒。这些病毒在平时会隐藏得很好，只有在发作日才会露出本来面目。

（4）隐蔽性。计算机病毒一般是具有很高编程技巧、短小精悍的程序，它通常附在正常程序中或位于磁盘较隐蔽的地方，也有个别的以隐藏文件形式出现，目的是不让用户发现它的存在。

（5）寄生性。计算机病毒一般不独立存在，而是寄生在磁盘系统区或文件中，是需要宿主的恶意程序。

（6）驻留性。计算机病毒一般随操作系统驻留在内存，取得系统控制权。

另外，计算机病毒还具有可执行性、不可预见性、衍生性等特点。

7.2.3　计算机蠕虫

蠕虫这个名词由来已久，在 1982 年，Shock 和 Hupp 根据 *The Shockwave Rider* 一书中的概念提出了的"蠕虫（Worm）"恶意程序的思想。

1. 蠕虫的概念

蠕虫是一种利用漏洞通过网络传播的恶意代码，它的传播通常不需要所谓的激活，它通过分布式网络来复制、传播特定的信息或错误，进而造成网络服务遭到拒绝并发生死锁。

2. 蠕虫的特征

（1）蠕虫不需要宿主文件。

（2）蠕虫是无需计算机使用者干预即可运行的独立程序，它会自动扫描或攻击网络中存在漏洞的节点主机，利用漏洞主动进行攻击，通过网络从一个节点传播到另一个节点。

（3）蠕虫可以和黑客技术结合。

（4）蠕虫破坏性极大，借助于网络，它可以在短短的时间内蔓延整个网络，造成网络瘫痪，并且很难根除。

7.2.4　特洛伊木马

特洛伊木马（Trojan Horse），该名称来自原荷马史诗《伊利亚特》中的战争手段。

1. 木马的概念

木马程序是指隐藏在正常程序中的一段具有特殊功能的恶意代码，是具备破坏和删除文件、发送密码、记录键盘和 DoS 攻击等特殊功能的后门程序。木马一般有两个可执行程序，一个是客户端，即控制端；一个是服务器端，即被控端。被植入木马的计算机一旦运行服务端后，远程客户端与服务器端即可建立连接通信，服务器端的计算机就能够完全被控制，成为被操纵的对象。

2. 木马的特征

木马程序分为许多种不同的种类，如 BackOrifice、Netspy、Picture、Netbus 以及冰河、灰鸽子等，它们都有如下特征：

（1）欺骗性。为了诱惑攻击目标运行木马程序，并且达到长期隐藏在被控制机器中的目的，木马采用很多欺骗手段。例如，经常使用类似于常见的文件名或扩展名的名字。

（2）隐蔽性。木马和远程控制软件最大的区别就是在于是否隐蔽。例如，Pcanywhere 是远程控制软件，安装完成后会出现很醒目的提示标志，而木马软件则是用各种手段隐藏自己不被用户发现。

（3）自动运行性。木马在系统启动时即自动运行，它可以潜入到启动配置文件、启动组或注册表中。

（4）自动恢复性。很多木马程序中的功能模块不再由单一的文件组成，而是将文件分别存储在不同的地方，这些分散的文件可以相互恢复，以提高存活能力。

（5）功能特殊性。木马的功能除了普通的文件操作以外，还有些木马具有搜索缓存中的口令、设置口令、扫描目标计算机的 IP 地址、进行键盘记录以及锁定鼠标等功能。

7.2.5 恶意代码的防治

对恶意代码的防治，应该提高自身防范意识，尽量采用有效的新技术、新手段，建立"防杀结合、以防为主、以杀为辅、软硬互补、标本兼治"的最佳保护安全模式。

1. 恶意代码的预防

对于恶意代码的预防主要用技术手段和管理手段相结合的办法来实施。通过采取各种技术手段，并加强法制管理，形成有效的防范措施，就会更有效地避免恶意代码的侵害。

（1）技术手段：通过一定的技术手段防止恶意代码对系统的传染和破坏。

（2）管理手段：恶意代码的预防，单纯依靠技术手段是不可能十分有效地杜绝和防止其蔓延的，必须把技术手段和管理机制结合起来，提高人们的防范意识，才有可能从根本上保护网络系统的安全运行。

2.恶意代码的治理

恶意代码的治理，包括检测技术和清除技术。检测是用各种检测方法将恶意代码识别出来。清除是指从感染对象中清除掉恶意代码，使其恢复到被感染前的状态。常见的方法有：

（1）杀毒软件清除法。使用专门的杀毒软件是普通计算机用户最常用的方法。

（2）重装系统并格式化硬盘。格式化会破坏硬盘上的所有数据，格式化前必须确定硬盘中的数据是否需要，一定要做好备份工作。格式化一般是进行高级格式化，因为低级格式化是一种损耗性操作，它对硬盘寿命有一定的负面影响。

（3）手工清除方法。手工清除计算机恶意代码对技术要求高，需要熟悉计算机指令和操作系统，难度比较大，一般只能由专业人员操作。

一般来说，恶意代码在正常模式下比较难清理，可以尝试在安全模式下查杀。顽固的恶意代码可以尝试通过下载专杀工具来清除，更恶劣的病毒可以通过重装系统来彻底清除。

 拓展知识

木马的伪装手段

越来越多的人对木马了解和防范意识的增强，对木马传播起到了一定的抑制作用。为此，木马设计者开发了许多功能来伪装木马，以达到降低用户警觉、欺骗用户的目的。下面是木马常用的伪装方法：

1.修改图标

有些木马可以将木马服务端程序的图标改成 HTML、TXT、ZIP 等各种文件的图标，来迷惑用户。目前这种功能的木马还比较少见，这种伪装也容易被识破。

2.冒充图片文件

这是许多黑客常用来骗别人和执行木马的方法，就是将木马说成是图像文

件,比如说是照片等。入侵者假装传送照片给受害者,受害者执行它后就中招了。

3. 文件捆绑

恶意捆绑文件伪装手段是将木马捆绑到一个安装程序上,当用户进行程序安装运行时,木马就偷偷潜入了系统。被捆绑的文件一般是可执行文件。

4. 出错信息显示

当打开一个文件时,如果程序没有任何反应,它很可能是一个木马程序。为规避这一缺陷,已有设计者为木马提供了一个出错显示功能。该功能允许在用户打开木马程序时,弹出一个假的出错信息提示框,诸如"文件已损坏,无法打开!"信息,当用户信以为真时,木马已经悄悄侵入了系统。

5. 把木马伪装成文件夹

把木马伪装成文件夹图标后,将其放在一个文件夹中,然后在外面套上三四个空文件夹,由于很多人有连续点击的习惯,点到那个伪装的文件夹木马时,它就运行成功了。

6. 给木马服务端程序更名

如果使用原来的名字,很容易被识别。改为和系统文件名差不多的名字就不容易被发现,例如木马的名字改为"windows.exe"。还有的是改扩展名,把dll改为d11(注意看数字"11"而不是英文字母"ll")等。

7. 藏身于系统文件夹中

用户在服务端打开含有木马的文件后,木马就会将自己复制到 Windows 的系统文件夹(一般位于 C:\Windows\system)中,这样隐藏后就很不容易被发现。

7.3 安全软件的使用

学习任务

了解常用查毒软件;掌握常用杀毒软件的安装和使用。

动手实践

给自己的计算机安装 360 安全卫士,并对计算机进行全盘扫描和清理垃圾等操作。

步骤01 打开 360 的官方网站 www.360.cn 下载 360 安全卫士,并安装完成,详见图 7-2;

步骤 02 运行 360 安全卫士，单击"查杀修复"，选中"全盘扫描"；

步骤 03 运行 360 安全卫士，单击"电脑清理"，选中"清理垃圾"；

步骤 04 右键单击任务栏 360 安全卫士图标，打开 360 设置，选中"垃圾清理提示"，选中空闲提醒频率为"每 1 天"。

 基础知识

7.3.1 安全软件简介

安全软件是指辅助用户管理计算机安全的软件。广义的安全软件用途十分广泛，主要包括防止病毒传播、防护网络攻击、屏蔽网页木马和危害性脚本以及清理流氓软件等。安全软件可以分为：

1. 杀毒软件

又叫反病毒软件。如卡巴斯基、360 杀毒、小红伞、瑞星杀毒软件、金山毒霸、Microsoft Security Essentials、诺顿、G Data 等。

2. 辅助性安全软件

主要是清理垃圾、修复漏洞、防木马的软件，如 360 安全卫士、金山卫士、瑞星安全助手等。

3. 反流氓软件

主要是清理流氓软件，保护系统安全的功能。如 360 安全卫士、恶意软件清理助手、超级兔子、Windows 清理助手等。

4. 加密软件

主要是通过对数据文件进行加密，防止外泄，从而确保信息资产的安全。按照实现的方法可划分为被动加密和主动加密软件。

需要注意的是，安全软件必须及时更新才能发挥它的最大作用。例如杀毒软件每次进行扫描时，会将系统文件与病毒库的病毒样本进行对比，如果特征相似即为可疑程序，如果相同即为病毒，然后就会提示进行隔离或者查杀删除操作。而计算机病毒就像生物病毒一样，它会不断地变化衍生，所以杀毒软件需要经常升级来更新病毒库的病毒样本，这样才能及时保护计算机安全。其他安全软件也是类似，必须及时升级。

7.3.2 常用安全软件

目前流行的安全软件比较多，常见的有卡巴斯基、诺顿、AVG、小红伞、瑞星、360 安全卫士、金山毒霸等。

1.国产安全软件

（1）瑞星杀毒软件。瑞星杀毒软件是国产杀软的龙头老大，有十几年的相关市场经验，其产品占用系统资源较多、产品组件较多、杀毒能力表现不是很理想。因国内用户较多，故对国内新病毒反应较快。

（2）金山毒霸。金山毒霸是金山公司推出的计算机安全产品，监控、杀毒全面、可靠，占用系统资源较少。其软件的组合版功能强大（毒霸主程序、金山清理专家、金山网镖），集杀毒、监控、防木马、防漏洞为一体，是一款具有市场竞争力的杀毒软件。

（3）360 杀毒软件。360 杀毒是 360 安全中心出品的一款永久免费，性能超强的云安全杀毒软件，在中国市场占有率第一。360 杀毒具有免费、查杀率高、升级迅速等优点。

（4）360 安全卫士。360 安全卫士是 360 安全中心出品的一款永久免费、功能齐全、受用户欢迎的上网安全软件。拥有查杀木马、清理插件、电脑体检、保护隐私等多种功能，占空间小，运行时对系统资源占用也相对较低，是常用的安全软件。

2.国外安全软件

（1）诺顿杀毒软件。诺顿是由 Symantec 公司出品的一款杀毒软件，包括网络版和专业版，它可以自动对计算机磁盘中的文件及 Internet 电子邮件进行检测/扫描，及时查杀病毒，以保证计算机的安全。

（2）NOD 32。国外权威的防病毒软件评测给了 NOD32 很高的分数，其在全球共获得超过 40 多个奖项，是全球唯一一个通过 26 次 VB100% 测试的防毒软件。其产品线长，几乎支持各种操作系统，可以对邮件进行实时监测，占用内存资源较少，清除病毒的速度和效果都令人满意。缺点是在防侦测方面做得并不是很好，常被病毒破坏，升级慢，对国内新病毒反应较慢。

（3）卡巴斯基杀毒软件。卡巴斯基是俄罗斯民用最多的杀毒软件，卡巴斯基有很高的警觉性，它会提示所有具有危险行为的进程或程序，因此很多正常程序会被提醒确认操作。

卡巴斯基提供了所有类型的抗病毒防护，包括抗病毒扫描仪、监控器、行为阻断和安全检验等。它几乎支持所有普通操作系统、E-mail 通路和防火墙。卡巴斯基控制所有可能的病毒进入端口。缺点是杀毒速度慢，占用系统资源多，杀毒时尤其明显，系统内存过低时容易死机。

（4）小红伞。是一款德国著名杀毒软件的中文昵称，其英文名为 AntiVir，自带防火墙，能有效地保护个人计算机以及工作站免受到病毒侵害。它的最大特点是启发式杀毒，虽然只有几兆大小，却可以检测并移除超过 60 万种病毒，支持网络更新。该软件对硬件的等级需求度并不高，所消耗的硬件资源低，软件的病毒每天更新。

另外，还有许多杀毒软件，例如 AVG、Avast 等杀毒软件。许多杀毒软件都有它自己的特色，对于一般的用户来讲，这些杀毒软件的防护能力都能够达到保护计算机安全和防范常见风险的基本功能，用户可以根据计算机的性能和杀毒软件的特点来选择。

7.3.3　使用 360 安全卫士预防查杀病毒

下面以 360 安全卫士为例，简要介绍 360 安全卫士的安装和使用方法。

1. 360 安全卫士的下载与安装

360 安全卫士为免费使用的安全软件，可从 360 的官方网站（www.360.cn）下载获得，下载的 inst.exe 软件为在线安装程序。运行 inst.exe 安装程序时，要保持网络畅通，安装程序将在线从 360 官方服务器下载并安装 360 安全卫士，安装界面如图 7-2 所示。

2. 360 安全卫士的使用和升级

360 安全卫士安装完成后会在任务栏中显示" 📟 "图标，单击该图标可以启动 360 安全卫士，右键单击该图标可以对它进行设置。

（1）360 安全卫士的功能使用。360 安全卫士功能多且比较方便实用，在图 7-3 所示界面，单击查杀修复，可以对计算机进行木马病毒等扫描，有快速

图 7-2　360 安全卫士安装界面

图 7-3　360 功能使用界面

扫描，全盘扫描或自定义扫描三种形式。单击"立即体检"对电脑进行各项目的检测，根据检测情况进行设置。查杀修复、电脑清理、优化加速等功能提供对计算机的各种保护，另外还有人工服务、软件管家等辅助项目，功能实用方便。

（2）用户设置。在任务栏中的"  "图标上单击鼠标右键，会弹出360设置中心的对话框，用户可以根据需要进行个性化设置，非常方便。

（3）360安全卫士升级。360安全卫士的升级默认的是每次启动时自动完成，因为在360设置中心里默认的升级设置为"自动升级卫士和备用木马库到最新版"，用户可以根据自己需要进行设置。也可以在右键菜单中直接选择升级，进行单独升级。

就目前的计算机技术而言，不存在能够防治未来所有恶意代码的软、硬件，使用安全软件是防护工作的一部分，它只能帮助用户从一定程度上起到保护的作用，更重要的是用户需要有计算机安全意识，理解防护工作的重要性，养成安全使用计算机的习惯。

拓展知识

使用手机安全软件

现在大多数手机用户都在使用智能系统手机，那么手机上网成为非常普遍的事情，但是这也意味着手机感染到病毒、木马的机会更多了，当手机出现异常之后应该怎么处理呢？

1.检查手机是否存在恶意软件

主要考虑以下几个方面：电池寿命非常短，莫名其妙手机就没电了，就要考虑是否有恶意软件或垃圾应用程序存在；话费不相称，考虑是否有恶意软件消耗流量；手机性能变差，考虑是否有恶意软件的侵扰，试图对你的智能手机进行读写，消耗了太多的存储空间，导致每天不得不数次的重新启动设备等。

2.清除恶意软件

（1）删除有问题的应用程序。

（2）完全重置手机，恢复"出厂设置"，这样可以彻底清除设置中残存的恶意软件。

3.对手机进行安全防护设置

（1）仔细检查每一个应用程序的权限要求，对于没有必要的项目要限制应用程序的访问权限。

（2）使用专门的手机杀毒防护软件并更新到最新的病毒库。同时避免安装从非官方、没有良好信誉的软件中心下载应用程序，确保自己下载的东西是合法的和安全的。

7.4 系统更新与还原

 学习任务

熟练掌握系统更新和还原的方法。

 动手实践

检查自己的计算机的 Windows 7 系统有没有更新，有哪些更新。

步骤01 打开"开始"菜单依次选中"控制面板""系统和安全""Windows Update"，单击"检查更新"；

步骤02 检查完毕后如果看到"*个重要更新可用"和"*个可选更新可用"，说明有系统更新；

步骤03 单击"*个重要更新可用"或"*个可选更新可用"，可以查看更新的项目。如图 7-5 所示。

 基础知识

7.4.1 系统更新

系统更新是通过 Windows Update 来升级操作系统的组件，完善系统功能，弥补安全漏洞，使操作系统支持更多软、硬件，而且更安全稳定。

系统更新有手动与自动更新两种方式，在默认情况下，只要使用者连接到 Internet 上，Windows 7 可以自动连接到微软站点，下载更新内容并自动在后台进行更新。也可以使用 360 安全卫士的漏洞修复功能来选择更新的项目。启用或设置更新的操作如下：

打开"系统更新"，检查是否有更新，如图 7-4。检查更新后，如果直接选择"安装更新"，则会安装全部更新，如图 7-5。如果需要选择更新的项目，在"安装计算机的更新"处，单击"*个重要更新可用"选项，打开"选择希望安装的更新"窗口选择更新的项目，单击"确定"和"安装更新"按钮，进入已选择项目的更新。也可以在图7-4单击"更改设置"选项，选择更新的设置，然后单击"确定"按钮，此后 Windows 7 将会在适当的时候进行相应的更新。

图 7-4　Windows 7 检查更新

图 7-5　Windows 7 安装更新

7.4.2　系统还原

Windows 7 操作系统用久了以后，难免会出现一些故障，如访问速度变慢等。有时，因为需要安装或卸载一些应用软件，或者对系统进行设置等，而影响到系统的正常运行。那系统出现问题后，只能重装系统吗？可以利用 Windows 7 系统中的还原功能使系统回到某个还原点，这是因为每个被创建的还原点中都包含了该系统的系统设置和文件数据，所以用户可以使用还原点来进行备份和还原操作系统的操作。

1. 还原点的类型

进行系统还原时，是以"还原点"为基础的，还原点是一个时间点，它包括以下几类：

（1）系统还原点：Windows 7 操作系统在每次开机时，均自动创建一个还原点。如果一天开始连续超过10小时，则每10个小时就会自动创建一个还原点。

（2）安装还原点：手动安装 Windows 7 组件、Windows 7 系统自动更新安装、安装未经签名的驱动程序时，Windows 7 操作系统均会自动创建还原点。

（3）手动还原点：使用者按照需要创建的还原点。每当对系统进行大的更新时，如安装新的软件、更改注册表前，可以手动创建一个还原点。

2. 手动创建还原点

（1）右击桌面"计算机"图标，选中"属性"，然后选中"高级系统设置""系统保护"，打开"系统属性"对话框。选择要创建还原点的磁盘驱动器，点击"创建..."，如图 7-6 所示。

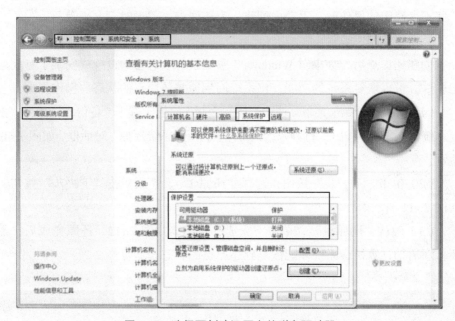

图 7-6 选择要创建还原点的磁盘驱动器

（2）在"还原点描述"文本框中输入还原识别文字，例如"还原1"，点击"创建"，如图7-7所示。

图7-7　输入还原点识别文字

（3）正在创建还原点，如图7-8所示。

（4）成功创建还原点。点击"关闭"，如图7-9所示。

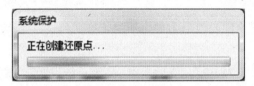

图7-8　创建还原点　　　　　　图7-9　成功创建还原点

可以在系统运行良好的情况下，特别是在安装一些没有试过的软件，进行一些不太确定的操作时，手动去创建一个还原点，关键时刻拿来救急。

3.恢复系统

创建还原点后，如果对 Windows 7 系统进行了有害的设置或安装了有问题的软件，可以恢复系统的功能，将系统回到原来还原点的状态。操作如下：

（1）打开"开始"菜单，选中"控制面板"，依次选中"备份和还原""恢复系统设置或计算机""打开系统还原"，打开"系统还原"对话框，如图7-10所示。

（2）单击"下一步"按钮，选择"还原1"，然后单击"下一步"按钮，如图7-11所示。

（3）确认"还原点"，单击"完成"按钮，如图7-12。还原完成后，需要重新启动计算机，系统才能恢复到还原点的状态。

图 7-10 "系统还原"对话框

图 7-11 选择还原点

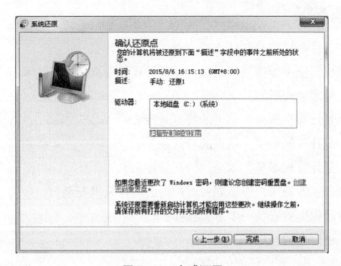

图 7-12 完成还原

拓展知识

数据恢复软件

如果计算机中毒以后，硬盘数据可能被恶意删除，致使数据无法读出，可以使用数据恢复软件将硬盘的数据恢复还原。常用的数据恢复软件有EasyRecovery、Finaldata、GetDataBack、R-studio 等。

本章小结

随着全球信息化、智能化的发展，计算机和网络已经渗透到人们的生活，计算机安全跟每个人都休戚相关。本章主要讲述了计算机安全的基本知识，以及保护个人计算机安全的一些方法和注意的问题。了解了对计算机安全造成威胁的恶意代码，以及恶意软件代码中的病毒、蠕虫和木马的相关知识。然后，介绍了常用的保护计算机的反病毒软件，以最常见的免费的 360 安全卫士为例讲述了它的安装过程和使用方法。最后，简单讲解了利用 Windows 7 的还原点将系统恢复到某个还原点时刻的状态的过程。计算机安全问题是非常庞大的社会体系工程，计算机安全关系到我们每个人的生活工作，也关系到国家安全和国际规则。我们必须提高计算机安全意识，养成安全使用计算机的习惯，除了要主动采取安全防护措施外，还要有相应的道德规范，安全警钟必须长鸣不息！

课后练习

1. 什么是计算机安全？计算机安全的属性是什么？
2. 计算机安全主要指哪些安全？保护计算机安全的主要技术有哪些？
3. 什么是恶意代码？
4. 什么是计算机病毒？病毒的特点是什么？
5. 什么是计算机蠕虫？蠕虫的特征是什么？
6. 什么是计算机木马？木马的特征是什么？
7. 详细描述普通用户应该如何维护自己的计算机安全。
8. 给自己的电脑安装一个杀毒软件。
9. 简述还原点的作用。
10. 简述利用还原点还原的过程。

第8章 互联网在农村和城市社区的广泛应用

 学习目标

了解：网络教育的特点；"互联网＋"的特征；电子商务的概念；电子政务的概念。

掌握：网络教育的概念；"互联网＋"的含义，"互联网＋党员教育"；常见的电子商务模式；电子商务发展需解决的问题；电子商务的发展趋势。

熟练掌握：网络教育的学习方式。

2015 年 3 月 5 日，国务院总理李克强在全国人大十二届三次会议的《政府工作报告》中提出，制定"互联网＋"行动计划，推动移动互联网、云计算、大数据、物联网等与现代制造业结合，促进电子商务、工业互联网和互联网金融健康发展，引导互联网企业拓展国际市场。"互联网＋"上升到国家战略的高度，引起全社会各个层面的普遍关注。

8.1 网络教育

 学习任务

掌握网络教育的概念；了解网络教育的特点，网络教育的学习资源；熟练掌握网络教育的学习方式。

 动手实践

网络教育需要特定的学习方式，需要学习者有更高的学习积极性和自我管理能力。请根据自己的实际情况制订一份学习计划。

 **基础知识**

8.1.1　网络教育的概念

网络教育是指利用网络技术、多媒体技术等现代信息技术手段开展的新型教育形态，是建立在现代电子信息通信技术基础上的教育，它以学习者为主体，学生和教师、学生和教育机构之间主要运用多种媒体和多种交互手段进行系统教学和通信联系。

国外各个国家对网络教育非常重视，比较著名的有英国开放大学、韩国国立开放大学等。网络教育作为一种有别于普通高等教育的教育方式，在我国已经开展多年。在 1998 年国务院批转教育部《面向 21 世纪教育振兴行动计划》中指出，实施"现代远程教育工程"，形成开放式教育网络，构建终身学习体系。在中国网络教育相关政策文本中出现最多的是"现代远程教育"和"网络教育"，现代远程教育是相对于函授教育、广播电视教育等传统远程教育形态而言的，而网络教育是现代信息技术应用于教育后产生的新概念，即运用网络技术与环境开展的教育，两者的内涵基本相同。目前，越来越多地采用"网络教育"的提法。多数从事高等教育的现代远程教育机构为普通高校的网络教育学院或现代远程教育学院。1999 年，教育部批准了清华大学、浙江大学、北京邮电大学、湖南大学这 4 所大学先行开展现代远程教育试点。到目前为止，我国网络教育学院已经有 69 所，其中普通高校 68 所，广播电视大学 1 所（现在的"国家开放大学"）。

8.1.2　网络教育的特点

网络教育是一种跨学校、跨地区的教育体制和教学模式，学习者与教师分离，它采用特定的传输系统和传播媒体进行教学，信息的传输方式多种多样，而且学习的场所和形式灵活多变。它具有以下五个突出的特点：

1. 不受空间的限制；

2. 不受时间的限制；

3. 受教育的人扩展到全社会各阶层；

4. 在网上建立很多数据库，建立各种可以相互利用的教学资源，供受教育者选择；

5. 教学方式由原来以教为主变为以学为主，这是一种更加开放、灵活的新学习模式。

网络教育的特点决定了它可以为实现全民终身学习，建设"人人皆学、处处能学、时时可学"的学习型社会做出实际贡献。

8.1.3　网络教育的学习

1. 网络教育的学习方式

在网络教育的教学活动中，教师是以教育资源的形式或学习帮促者的身份与学习者保持着一种准永久性分离的状态；而学习者与教育组织机构（教师）或学习者与学习者之间，将通过建立双向或多向通信机制保持即时会话。网络教育的学习方式有班组集体学习和个别化学习两种。

（1）班组集体学习。班组集体学习是建立在同步通信基础上的，教师以面授辅导或者是远程支持服务的方式和学习者进行实时交流。

（2）个别化学习。个别化学习是建立在非同步通信基础上的，学习者利用工余休息时间，或其他空闲时间，通过互联网、各种终端（包括电视等），按照学校各专业的学习任务自主安排学习进程。在这个过程中，如果学习者想找老师请教、探讨问题，可以到所在院校找老师请教；如果时间不允许或不方便，可以通过 QQ、微信、邮件、论坛等多种方式，利用手机、平板电脑、计算机等各种终端发送问题给辅导教师或学校的相关部门，老师和相应的工作人员会做出回答。

网络教育的特点决定了其学习方式以个别化学习为主。

2. 网络教育的资源形式

网络教育中的学习资源包括纸质教材和数字化学习资源两种形式。

（1）纸质教材。纸质教材也称为文字教材。纸质教材所承载的课程教学内容主要包括教学基本内容、实验内容及学习参考内容等。在学习的过程中，纸质教材是最基本和传统的知识载体。学习者可以通过随时随地翻阅纸质教材来不断学习和深化知识点。

（2）数字化学习资源。数字化学习资源是基于网络和终端的新型知识传播形式，即将传统的纸质教材上的知识点、内容，通过文字、视频、论坛、实时交互等多种形式提供给学习者的资源集成。CAI 课件、网络课程、视频教材、音像教材等都是常见的数字化学习资源的形式。学习者可以通过阅读文字资料、观看视频、进行实时和非实时讨论等多种方式学习。

拓展知识

远程教育的发展历程

丁兴富教授在《远程教育学》（北京师范大学出版社，2002.8）一书中将远程教育的发展分为三代。第一代远程教育是函授教育，以印刷课程教材（印刷教材）为主要学习资源、以邮政传递书写作业和批改评价（函授辅导）为主要通信手段，主要代表是独立设置的函授学校和传统大学开展的函授教育、校外教育；第二代远程教育是多种媒体教学的大规模和工业化的远程教育，主要代表是各国独立设置的开放大学、广播电视大学及其他独立设置的自治的远程教学大学；第三代远程教育是电子远程教学，是建立在应用双向交互电子信息通讯技术基础上的新一代电子远程教育。

8.2 利用"互联网＋"开展党员教育

学习任务

掌握"互联网＋"的含义；了解"互联网＋"的特征；熟练掌握创新载体手段，提高党员教育培训现代化水平，掌握"互联网＋党员教育"。

动手实践

结合实际，考虑在"互联网＋"形式下，如何顺势而上，更好地工作、学习。

基础知识

8.2.1 "互联网＋"的含义

"互联网＋"是创新2.0下的互联网发展新形态、新业态，是知识社会创新2.0推动下的互联网形态演进及其催生的经济社会发展新形态。"互联网＋"是互联网思维的进一步实践成果，它代表一种先进的生产力，推动经济形态不断地发生演变，从而带动社会经济实体的生命力，为改革、创新、发展提供广阔的网络平台。

通俗来说，"互联网＋"就是"互联网＋各个传统行业"，但这并不是简单的两者相加，而是利用信息通信技术以及互联网平台，让互联网与传统行业进行深度融合，创造新的发展生态。

"互联网＋"代表一种新的社会形态，即充分发挥互联网在社会资源配置中的优化和集成作用，将互联网的创新成果深度融合于经济、社会各领域之中，提升全社会的创新力和生产力，形成更广泛的以互联网为基础设施和实现工具的经济发展新形态。

当前大众耳熟能详的电子商务、互联网金融、在线旅游、在线影视、在线房产等行业都是"互联网＋"的杰作。

8.2.2 "互联网＋"的特征

"互联网＋"有六个特征。

1. 跨界融合

"＋"就是跨界，就是变革，就是开放，就是重塑融合。敢于跨界了，创新的基础就更坚实；融合协同了，群体智能才会实现，从研发到产业化的路径才会更垂直。

2. 创新驱动

粗放的资源驱动型增长方式早就难以为继，必须转变到创新驱动发展这条正确的道路上来。这正是互联网的特质，用所谓的互联网思维来求变、自我革命，也更能发挥创新的力量。

3. 重塑结构

信息革命、全球化、互联网业已打破了原有的社会结构、经济结构、地缘结构、文化结构。权力、议事规则、话语权不断在发生变化。"互联网＋社会治理"、虚拟社会治理会是很大的不同。

4. 尊重人性

人性的光辉是推动科技进步、经济增长、社会进步、文化繁荣的最根本的力量，互联网的力量之强大最根本地也来源于对人性的最大限度的尊重、对人体验的敬畏、对人的创造性发挥的重视。例如 UGC、卷入式营销、分享经济。

5. 开放生态

关于"互联网＋"，生态是非常重要的特征，而生态的本身就是开放的。我们推进"互联网＋"，其中一个重要的方向就是要把过去制约创新的环节化解掉，把孤岛式创新连接起来，让研发由人性决定的市场驱动，让创业并努力者有机会实现价值。

6. 连接一切

连接是有层次的，可连接性是有差异的，连接的价值是相差很大的，但是连接一切是"互联网+"的目标。

8.2.3 "互联网+党员教育"

《2014—2018年全国党员教育培训工作规划》就改进党员教育培训工作提出"创新载体手段，提高党员教育培训现代化水平"。加快全国党员干部现代远程教育优化升级，充分发挥远程教育的功能和作用，运用远程教育平台开展教育培训。实施中央和地方播出平台改版，做好基层站点设备更新换代。健全远程教育专题教材制播一体化工作机制，实现远程教育由单一教育平台向综合服务平台转变，促进共建共享，提高学用水平。

充分利用报刊、电视、手机、互联网等大众传媒开展党员教育培训。办好用活共产党员网、共产党员电视栏目、共产党员手机报，大力推进在线学习培训，建设全国党员教育网站联盟。发挥"12371"全国基层党建工作手机信息系统和全国党员咨询服务电话作用。各级党组织要办好党员教育培训网站，建立"网上党校""网络课堂"，拓展党员电化教育服务功能，开设党建电视频道或党员教育电视栏目，定期发送党员教育手机报或手机短信。积极推动在党报、党刊、电台等媒体开设党员教育培训专栏，实现全媒体覆盖。基层党组织要组织党员上网学习、在线培训，鼓励党员参与网上论坛、QQ群、博客、播客、微博、微信等互动交流，因地制宜地推动党员教育进村入户，不断探索基层党员喜闻乐见、简便实用的教育培训新手段。

2015年6月5日至6日，中央在浙江省召开全国农村基层党建工作座谈会，中央政治局常委、中央书记处书记刘云山同志在会议上提到："要积极运用现代信息技术，把'互联网+'引入农村党员教育管理。""互联网+党员教育"就是互联网或互联网思维与党员教育工作的深度融合。"互联网+"具有国家层面的战略高度，在实施的过程中，应学习并运用好移动互联网思维，不断树立全新的"用户"意识、"服务"理念，切实提升针对广大党员的宣教工作水平。创新实现党员教育工作由传统服务向智能服务的提升，推进"互联网+党员教育"的工作扎实有序开展，使党员活动走向开放，使党员能随时随地参加党的各类活动，在网上向群众和社会提供在线志愿服务，发挥出党员在网络虚拟社会管理中的引领示范作用。

拓展知识

莱州的"党员乐 e 学"

山东省莱州市首个"互联网＋"党员教育管理平台——"党员乐 e 学"党员教育管理云平台正式上线运行。该平台设置了教育学习、阳光党务和美丽家乡三大板块，将互联网、移动互联网等新媒体技术与党员教育管理、党务规范运行、村级集体经济发展等工作结合。党员干部可通过智能手机、电脑、平板等多种终端设备登录平台，实现随时可学、随处可学。在课程资源方面，涵盖了党性教育、时事热点、能力提升、国学等多方面的实用微课。党员可以登录、学习、参与组织活动、进行讨论交流，后台可以进行数据统计分析，为改进党员教育管理和提高组织决策提供数据支撑。

8.3 电子商务

学习任务

了解电子商务的概念；了解我国 B2B、B2C 和 C2C 的发展现状；了解威胁电子商务发展的因素。

动手实践

结合自己的身边的经验，谈谈如何在淘宝网、京东商城等平台上购物或者售货。

基础知识

因特网为人类社会创造了全新的生活空间，也对全球的经济和商务发展产生了重大影响。虽然电子商务在定义上至今没有统一的、权威的表述，但是大力发展电子商务已经成为发达国家和发展中国家共同的趋势。

8.3.1 电子商务的概念及发展

我们认为电子商务是利用因特网进行实物交易或信息交换，用以满足企业和消费者对服务质量、交易效率、商品费用等方面的要求。广义上的电子商务包含了各行各业，如政府、科研部门、教育机构、医院、企业以及个人；狭义的电子商务指的是人们利用电子化的手段进行以商品交换为中心的商务活动，主要是公司、厂家与消费者个人之间的交易。

一般认为，从传统商务到电子商务的形成大致经历了 3 个阶段。第一阶段是商业单项业务电子化阶段。从 20 世纪 50 年代中期到 70 年代，工业化国家普遍采用了文字处理机、复印机、传真机等商业电子化设备，利用电子数据处理设备使某些单项业务自动化。第二阶段是电子商业系统阶段。20 世纪 70 年代至 80 年代中期，随着微电子技术的发展特别个人计算机技术和通信技术发展，分散在各商业领域的计算机系统连接成局域网络，商业业务采用了电子报表、电子文档和电子邮件等新技术。第三阶段为电子商务阶段。从 20 世纪 80 年代后期起，随着因特网的快速发展和应用，高性能的电子商业软件包、商业工作站、电子文件系统等研发和广泛应用，标志着电子商务时代真正到来。

在功能上，电子商务具备了广告宣传、咨询洽谈、网上订购、网上支付、服务传递和交易管理的功能；从电子商务交易对象角度看，电子商务可以分为 3 种类型，即企业与消费者（B2C）、企业与企业（B2B）、消费者与消费者（C2C）。

8.3.2　电子商务在中国的发展

20 世纪 90 年代，在中国基于网络购物的 B2C 网站和网络公司纷纷成立，到 2000 年已增加到 700 多家。据统计，截止到 2012 年国内网上零售市场交易规模达到 13018.4 亿元，其中 B2C 市场交易规模为 4792.6 亿元。占据 B2C 前几位的分别是天猫商城、京东商城、腾讯、苏宁易购、亚马逊中国、当当、国美在线；在 C2C 市场上，淘宝网占据了全部的 96.4%。中国网民规模超过 5.5 亿人，网络购物用户数达到 2.7 亿。

当当网（www.dangdang.com）是综合性的中文网上购物商城，1999 年 11 月正式开通。在线销售包括家居百货、化妆品、数码、图书、音像、服装等商品，涉及几十个大类。

淘宝网（www.taobao.com）是国内著名的个人网上交易平台，2003 年 5 月 10 日由阿里巴巴集团投资创办。到 2013 年底，淘宝网的注册会员数目超过 4 亿，交易额突破万亿，同时还带动了物流、支付、营销等产业的发展，创造了几百万的就业岗位。

京东商城（www.jd.com）是中国最大的自营式电商企业，1998 年京东公司创办，2007 年更名京东商城。2014 年，京东市场交易额达到 2602 亿元。京东商城经营的商品包括：计算机、手机及其他数码产品、家电、汽车配件、服装与鞋类、奢侈品（如手提包、手表与珠宝）、家居与家庭用品、化妆品与其他个人护理用品、食品与营养品、书籍、电子图书、音乐、电影与其他媒体产品、母婴用品与玩具、体育与健身器材以及虚拟商品（如国内机票、酒店预订）等。

电子商务的快速发展，对人才技能提出了新型的需求。如在开发技术岗位上，需要电子商务平台设计工作者，从事电子商务平台规划、网络编程、电子商务平台安全设计等工作；需要电子商务网站设计师，主要从事电子商务网页设计、数据库建设、程序设计、站点管理与技术维护等工作；需要电子商务平台美术设计师，从事颜色处理、文字处理、图像处理、视频处理等工作。在营销岗位上，需要网络营销业务员，从事开拓网上业务、管理网络品牌以及客户服务等工作；在电商企业网络服务岗位上，需要网站运营管理员，从事栏目规划、信息管理、项目推广等工作。电子商务行业对人才的综合性提出了很高的要求。对技术开发岗位来说，既需要程序设计、网络技术、网站设计、美术设计、安全、系统规划等知识，又要求了解商务流程、顾客心理和客户服务等。

8.3.3　电子商务网站应用——以淘宝网为例

淘宝网是中国深受欢迎的网购零售平台，目前拥有超过 4 亿的注册用户数，每天有超过 6000 万的固定访客，同时每天的在线商品数已经超过了 8 亿件，平均每分钟售出 4.8 万件商品。作为购物平台，淘宝网提供了海量商品，为消费者提供了物廉价美的商品，提升了个人生活品质；作为销售平台，提供基础性服务，帮助企业开拓市场、建立品牌，帮助个人通过网络实现创业就业。

商品买卖过程中，"支付宝"作为第三方支付平台，起到了网购交易担保和网络支付的作用。简单来说，它保障消费者付了款肯定能得到相应的商品，同时也保障了商家提供商品后肯定能得到货款。

淘宝网购物过程比较简单。在购物之前，需要先注册淘宝账号和支付宝账号，并加入关联的银行卡或者信用卡。购物时，在淘宝网首页按类目选择或者直接搜索自己喜欢的商品，淘宝网列出相关商品列表，选择看中的商品，点击后打开商品页面可查看详细信息，确认购买后将商品加入购物车并付款到支付宝，收货后在支付宝上确认付款至卖家账户，这样整个购物完成。购物完成之后，还可能会有商品评价、退货、换货等后续活动。

在淘宝网上开设个人网店是免费的，并且不收取任何服务费。按照淘宝网的规则，开设个人网店分为5步。第1步注册淘宝账户；第2步是支付宝账户绑定；第3步是支付宝实名认证；第4步是淘宝开店认证；第5步是创建店铺。需要注意的是，目前淘宝网规定凭借身份证，每个人只能开设1个店铺；企业在淘宝网开网店也是免费的，不过在步骤上与个人开网店略有不同。企业开店需要3步，第1步注册淘宝账户并绑定企业支付宝账户；第2步完成支付宝账户企业认证；第3步创建店铺。每个步骤所需的资料和详细操作在淘宝网站上有明确说明，遇到困难还可以联系淘宝网的客服工作人员获取相关帮助。

8.3.4 电子商务发展需解决的问题

随着电子商务的迅猛发展，电子商务系统的安全受到了计算机病毒、网络黑客等方面的挑战。建立安全、便捷的电子商务应用环境，保护电子商务信息安全，已经成为电子商务发展的重大问题。

危害电子商务系统安全的主要因素包括网络硬件因素、网络软件因素、工作人员因素、信用风险因素、病毒和黑客攻击因素、法律方面的风险因素、环境的不安全因素等。如2006年12月，我国互联网上大规模爆发"熊猫烧香"病毒及其变种，在几个月内病毒波及上千万个人用户、网吧及企业局域网用户，造成直接和间接损失超过1亿元；2010年末，互联网上连续出现的假银行网站事件，一名储户登录了假冒的中国银行网站，造成了数万元的损失。随后不久，假工商银行、假农业银行、假光大银行网站也相继跟风出现。其他的一些行为，诸如盗取用户账号及密码、利用系统后门入侵系统也层出不穷。

解决电子商务系统危险因素，主要从技术、管理和法律三个方面入手，采取有效的办法和措施才能真正实现电子商务安全运作。

电子商务的安全运营，法律的保障是不容忽略的。随着电子商务的发展，许多国家都运用法律手段来确定电子合同的效力，美国、欧盟等有关电子商务的法律文件都对电子合同进行了规范，我国对电子合同这种新型合同形式也作了明确的规定。《合同法》第十条规定：当事人订立合同，有书面形式、口头形式和其他形式。第十一条规定：书面形式是指合同书、信件和数据电文（包括电报、电传、传真、电子数据交换和电子邮件）等可以有形地表现所载内容的形式。这说明我国已经承认了电子合同的法律效力，并规定电子合同形式为书面形式。

拓展知识

电子商务策划的原则

1. 系统性原则

电子商务网络营销方案的策划，是一项复杂的系统工程。策划人员必须以系统论为指导，对企业网络营销活动的各种要素进行整合和优化。

2. 创新性原则

在电子商务网络营销方案的策划过程中，必须在深入了解网络营销环境尤其是顾客需求和竞争者动向的基础上，努力营造旨在增加顾客价值和效用、为顾客所欢迎的产品特色和服务特色。

3. 操作性原则

电子商务网络营销方案必须具有可操作性，每一个部门、每一个员工都能明确自己的目标、任务、责任以及完成任务的途径和方法，并懂得如何与其他部门或员工相互协作。

4. 经济性原则

电子商务网络营销策划必须以经济效益为核心，成功的网络营销策划，应当是在策划和方案实施成本既定的情况下取得最大的经济收益，或花费最小的策划和方案实施成本取得目标经济收益。

5. 协同性原则

电子商务网络营销策划应该是各种营销手段的应用，而不是方法的孤立使用，论坛、博客、社区、网媒等资源要协同应用才能真正达到网络营销的效果。

8.4 电子政务

学习任务

了解电子政务的概念和电子政务工程；了解电子政务在我国的发展状况和面临的主要问题。

动手实践

结合自己的工作体会，谈谈对电子政务的理解和认识。

基础知识

电子政务指的是，运用计算机、网络和通信等现代信息技术手段，实现政府组织结构和工作流程的优化重组，超越时间、空间和部门分隔的限制，建成一个精简、高效、廉洁、公平的政府运作模式，以便全方位地向社会提供优质、规范、透明、符合国际水准的管理与服务。

8.4.1 电子政务的概念和电子政务工程

自 20 世纪 90 年代电子政务产生以来，关于电子政务的定义有很多，并且随着实践的发展而不断更新。

联合国经济社会理事会将电子政务定义为，政府通过信息通信技术手段的密集性和战略性应用组织公共管理的方式，旨在提高效率、增强政府的透明度、改善财政约束、改进公共政策的质量和决策的科学性，建立良好的政府之间、政府与社会、社区以及政府与公民之间的关系，提高公共服务的质量，赢得广泛的社会参与度。

世界银行则认为电子政府主要关注的是政府机构使用信息技术，赋予政府部门以独特的能力，转变其与公民、企业、政府部门之间的关系。这些技术可以服务于不同的目的：向公民提供更加有效的政府服务、改进政府与企业和产业界的关系、通过利用信息更好地履行公民权，以及增加政府管理效能。因此而产生的收益可以减少腐败、提供透明度、促进政府服务更加便利化、增加政府收益或减少政府运行成本。

电子政务作为系统工程，应该符合三个基本条件：

第一，电子政务是必须借助于电子信息化硬件系统、数字网络技术和相关软件技术的综合服务系统。其中硬件部分包括内部局域网、外部互联网和专用线路等；软件部分包括大型数据库管理系统、信息传输平台、权限管理平台、文件形成和审批上传系统、新闻发布系统、服务管理系统、政策法规发布系统、用户服务和管理系统、人事及档案管理系统等。

第二，电子政务是处理与政府有关的公开事务，内部事务的综合系统。包括政府机关内部的行政事务以外，还包括立法、司法部门以及其他一些公共组织的管理事务，如检务、审务、社区事务等。

第三，电子政务是新型的、先进的、革命性的政务管理系统。电子政务并不是简单地将传统的政府管理事务原封不动地搬到互联网上，而是要对其进行组织结构的重组和业务流程的再造。因此，电子政府在管理方面与传统政府管理之间有显著的区别。

目前，世界上发达国家电子政务建设和发展的目标战略有三个：构建整体政府、开放政府和智慧政府。

8.4.2　中国电子政务的发展

在现代计算机、网络通信等技术支撑下，政府机构日常办公、信息收集与发布、公共管理等事务，在数字化、网络化的环境下进行的国家行政管理形式。电子政务包含多方面的内容，如政府办公自动化、政府部门间的信息共建共享、政府实时信息发布、各级政府间的远程视频会议、公民网上查询政府信息、电子化民意调查和社会经济统计等。

在政府内部，各级领导可以在网上及时了解、指导和监督各部门的工作，并向各部门做出各项指示。这将带来办公模式与行政观念上的一次革命。在政府内部，各部门之间可以通过网络实现信息资源的共建共享联系，既提高办事效率、质量和标准，又节省政府开支、起到反腐倡廉作用。

政府作为国家管理部门，其本身上网开展电子政务，有助于政府管理的现代化，实现政府办公电子化、自动化、网络化。通过互联网这种快捷、廉价的通信手段，政府可以让公众迅速了解政府机构的组成、职能和办事章程，以及各项政策法规，增加办事执法的透明度，并自觉接受公众的监督。电子政务是国家实施政府职能转变，提高政府管理、公共服务和应急能力的重要举措，有利于带动整个国民经济和社会信息化的发展。

2006 年国家信息化领导小组正式下发了《国家电子政务总体框架》，并为此专门召开了全国电子政务工作会议。框架从战略高度明确了电子政务发展的思路、目标和重点，为加快我国电子政务建设打下了重要基础。我国电子政务取得了较大进展，市场规模持续扩大。据数据显示，2006 年，我国的电子政务市场规模为 550 亿元，同比增长 16.4%；2010 年，其市场规模突破 1000 亿元；2012 年，其市场规模达到 1390 亿元，同比增长 17.3%。国家电子政务总体框架的构成包括：服务与应用系统、信息资源、基础设施、法律法规与标准化体系、管理体制。推进国家电子政务建设，服务是宗旨，应用是关键，信息资源开发利用是主线，基础设施是支撑，法律法规、标准化体系、管理体制是保障。框架是一个统一的整体，在一定时期内相对稳定，具体内涵将随着经济社会发展而动态变化。各地区、各部门按照中央和地方事权划分，在国家电子政务总体框架指导下，结合实际，突出重点，分工协作，共同推进电子政务建设。

8.4.3　电子政务的提升方向

尽管我国的电子政务取得了较快发展，但在总体上看，我国的电子政务整体水平还不够高。我国的电子政务还面临着一个大发展的问题，主要表现在：第一，电子政务一体化标准不统一，目前我国政府机构复杂，彼此之间缺乏沟通，为电子政务的建设带来了不小的困难，并将给未来全国电子政务网络的建设构成极大障碍；第二，数字鸿沟困扰着电子政务的建设，电子政务反而可能进一步强化社会不均，因为最需要政府提供服务的人往往是那些无法上网、无力应用高科技手段的弱势群体；第三，作为一个新兴项目，电子政务还处于发展初期，电子政务的相关概念也还在探讨之中。

国务院发展研究中心吴敬琏指出："电子政务的关键是政务而不是电子，电子只是一种手段，我们的政务存在的一些问题不仅在于手段，更在于体制。要解决这个问题，改革才是关键。"要真正推动电子政务的建设，就要与行政体制改革结合在一起，通过改革来克服原有体制的缺陷，实现政务改革与信息技术创新的结合与相互促进。一方面是技术手段的创新直接支持了体制改革展开，另一方面则是改善了的体制环境反过来又对技术创新及效能发挥了重要的制度保障与促进作用。

拓展知识

基于电子政务的政府采购

政府采购是指国家各级政府为了从事日常的政务活动或者为了满足公共服务的目的，利用国家财政性资金和政府借款购买货物、工程和服务的行为。政府采购不仅是指具体的采购过程，而且是采购政策、采购程序、采购过程及采购管理的总称，是一种对公共采购管理的制度。

电子政务作为一种新型的公共管理载体，在提高行政效率、扩大公民参与等方面有着不可替代的作用。因此，电子政务对于政府采购信息的获取与披露、扩大公民参与有着重要意义。电子政务与政府采购的结合，不是简单的叠加，而是有机的融合，即对政府采购的程序、模式创新甚至机构的创设，这样才能充分发挥电子政务的作用。

本章小结

互联网的应用范围迅速扩展到人们生活的方方面面，使人们的生产和生活方式发生了巨大的变化。本章主要讲述了互联网在农村和城市社区的广泛应用，通过本章的学习，应掌握网络教育的概念，了解网络教育的特点，熟练掌握网络教育的学习方式；掌握"互联网＋"的含义，了解"互联网＋"的特征，掌握"互联网＋党员教育"；了解电子商务的概念，了解常见的电子商务模式以及电子商务在我国的发展状况；了解电子政务的概念以及在我国电子政务的发展目标。通过学习本章内容，能够结合自己的实际工作，将互联网有效应用到工作和生活中。

 课后练习

1. 简述网络教育的概念及特点。

2. 简述网络教育的学习方式。

3. "互联网＋"的含义及特征。

4. 简述如何创新载体手段，提高党员教育培训现代化水平。

5. 电子商务的概念。

6. 电子政务的概念。

参考文献

［1］杨月江.计算机导论［M］.北京:清华大学出版社,2014.

［2］高建华.计算机应用基础教程［M］.上海:华东师范大学出版社,2015.

［3］郑纬民.计算机应用基础［M］.北京:中央广播电视大学出版社,2013.

［4］汤小丹.计算机操作系统［M］.西安:西安电子科技大学出版社,2014.

［5］胡琳.计算机实用教程［M］.北京:中国农业科学技术出版社,2012.

［6］陈玉红.计算机文字录入——五笔输入法［M］.北京:北京师范大学
出版社,2013.

［7］常林虎.新世纪五笔字型输入法［M］.北京:机械工业出版社,2010.

［8］郑纬民.计算机应用基础Windows7操作系统［M］.北京:中央广播电视
大学出版社,2012.

［9］王强,牟艳霞,李少勇.Office2013办公应用入门与提高［M］.北京:清
华大学出版社,2014.

［10］刘海燕,施教芳.PowerPoint2010从入门到精通［M］.北京:中国铁道
出版社,2011.

［11］谢希仁.计算机网络［M］.北京:电子工业出版社,2013.

［12］肖朝晖,罗娅.计算机网络基础［M］.北京:清华大学出版社,2011.

［13］肖川等.局域网技术与组网工程［M］.北京:北京理工大学出版社,2011.

［14］赵思宇.局域网组网技术与实训［M］.北京:中国电力出版社,2014.

［15］邵丽萍.计算机安全技术［M］.北京:清华大学出版社,2012.

［16］廖德伟,苏啸等.大学计算机基础全任务式教程［M］.北京:清华大
学出版社,2014.

［17］陈驰,于晶等.云计算安全体系［M］.北京:科学出版社,2014.

［18］李章兵.计算机系统安全［M］.北京:清华大学出版社,2014.

［19］Chuck Easttom.计算机安全基础［M］.陈伊文等译.北京:清华大学

出版社，2014.

［20］刘功申，孟魁.恶意代码与计算机病毒——原理、技术和实践［M］.北京：清华大学出版社，2013.

［21］郭文革.中国网络教育政策变迁——从现代远程教育试点到MOOC［M］.北京：北京大学出版社，2014.

［22］丁兴富.远程教育学［M］.北京：北京师范大学出版社，2002.

［23］李易.互联网+［M］.北京：电子工业出版社，2015.

［24］中共中央办公厅.2014—2018年全国党员教育培训工作规划，2014.

［25］洪毅，杜平等.中国电子政务发展报告（2014）［M］.北京：社会科学文献出版社，2014.

［26］李栗燕，徐华伟.电子政务概论［M］.武汉：华中科技大学出版社，2013.

［27］俞立平，李建忠，何玉华.电子商务概论［M］.北京：清华大学出版社，2012.

［28］吴会杰.电子商务概论［M］.西安：西安交通大学出版社，2015.

［29］http://www.enet.com.cn/enews/special/computer2006.

［30］http://www.ict.ac.cn/kxcb.

［31］http://blog.chinaunix.net/uid-103046-id-2964225.html.

［32］http://www.knowsky.com.

［33］http://infosec.org.cn.

后　记

　　为贯彻落实中共山东省委组织部、山东省教育厅、山东省财政厅、山东省人力资源和社会保障厅、山东省农业厅联合下发的《关于开展农村和城市社区基层干部专科学历教育实施素质提升工程的意见》，山东广播电视大学聘请有关专家成立了教材编写组，组织编写了《计算机应用基础》一书。

　　本书由教育部计算机教学工作指导委员会副主任、博士生导师、临沂大学校长杨波教授担任主编。杨波同志对本教材编写进行了整体构思设计，并撰写了章节纲目。编写人员分工如下：第1章由董彩云编写，第2章由郭玲玲编写，第3章、第4章、第5章由邹燕编写，第6章由刘声田编写，第7章由刘金蕾编写，第8章8.1与8.2两节由董彩云编写，第8章8.3与8.4两节由刘声田编写。全书由陈贞翔、荆山同志通稿，杨波同志审定。

　　本书编写过程中，得到了中共山东省委组织部、山东省教育厅、济南大学的大力支持和帮助；借鉴了学界同仁的研究成果，谨此致谢。由于时间仓促、水平有限，不妥之处在所难免，恳请读者批评指正。

编　者

2015 年 12 月

图书在版编目（CIP）数据

计算机应用基础/杨波主编. —济南：山东人民
出版社，2016.1（2022.3 重印）
ISBN 978 - 7 - 209 - 09505 - 1

Ⅰ. ①计… Ⅱ. ①杨… Ⅲ. ①电子计算机—远程
教育—教材 Ⅳ. ①TP3

中国版本图书馆 CIP 数据核字(2016)第 017418 号

计算机应用基础
杨 波 主编

主管单位 山东出版传媒股份有限公司
出版发行 山东人民出版社
社 址 济南市市中区舜耕路517号
邮 编 250003
电 话 总编室（0531）82098914
市场部（0531）82098027
网 址 http://www. sd - book. com. cn
印 装 济南万方盛景印刷有限公司
经 销 新华书店

规 格 16 开(169mm×239mm)
印 张 15.25
字 数 230 千字
版 次 2016 年 1 月第 1 版
印 次 2022 年 3 月第 7 次
ISBN 978 - 7 - 209 - 09505 - 1
定 价 46.00 元
如有印装质量问题，请与出版社总编室联系调换。